国家中等职业教育改革发展
示范校核心课程系列教材

设施育苗技术

Sheshi Yumiao Jishu

李强 主编

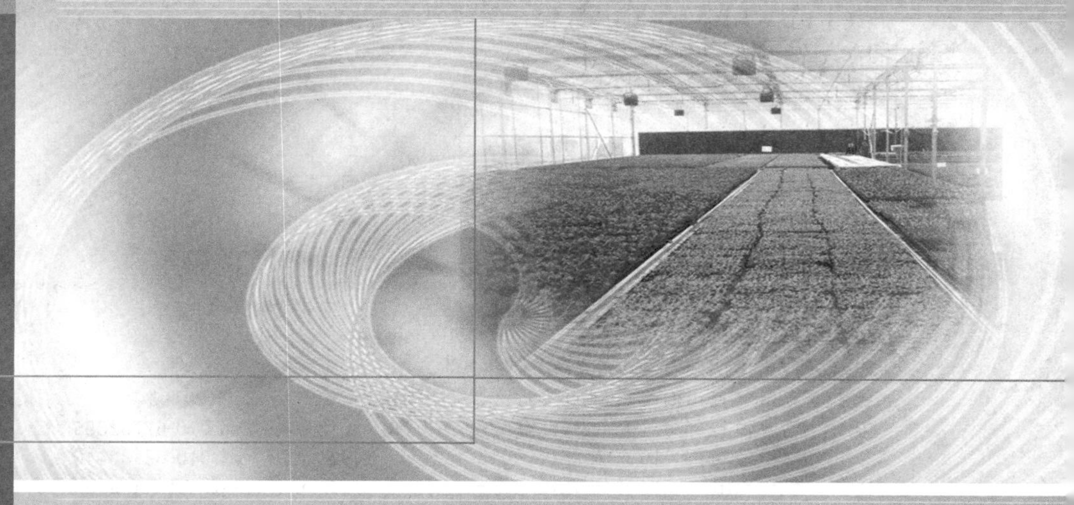

中国农业大学出版社
CHINA AGRICULTURAL UNIVERSITY PRESS

内容简介

本书是根据农业现代化、工厂化育苗需要编写的，作为中等职业学校学生使用的教材。

全书共分6个项目，内容包括设施育苗的基本要求、穴盘育苗技术、嫁接育苗技术、扦插育苗技术、营养钵育苗技术和组织培养育苗技术。

本书内容全面具体，根据当地的蔬菜、花卉、果树的种类科学地进行编写。可操作性强，语言简练，通俗易懂。本书可以作为当地技术人员推广的教材，也可以作为农民提高实用技术的读本。

图书在版编目(CIP)数据

设施育苗技术/李强主编.—北京：中国农业大学出版社，2016.3
ISBN 978-7-5655-1494-4

Ⅰ.①设… Ⅱ.①李… Ⅲ.①育苗-设施农业-中等专业学校-教材
Ⅳ.①S604 ②S62

中国版本图书馆CIP数据核字(2016)第021791号

书　　名　设施育苗技术
作　　者　李　强　主编

策划编辑　赵　中　　**责任编辑**　刘耀华
封面设计　郑　川
出版发行　中国农业大学出版社
社　　址　北京市海淀区圆明园西路2号　　**邮政编码**　100193
电　　话　发行部010-62818525，8625　　读者服务部010-62732336
编辑部010-62732617，2618　　出　版　部010-62733440
网　　址　http://www.cau.edu.cn/caup　　**E-mail** cbsszs@cau.edu.cn
经　　销　新华书店
印　　刷　涿州市星河印刷有限公司
版　　次　2016年3月第1版　2016年3月第1次印刷
规　　格　787×980　16开本　9.25印张　170千字
定　　价　19.00元

国家中等职业教育改革发展示范校核心课程系列教材
建设委员会成员名单

编写人员

主　编：李　强（抚顺农业特产学校）

副主编：王　娟（抚顺农业特产学校）

刘占宁（抚顺农业特产学校）

邓小敏（抚顺农业特产学校）

序言

职业教育是“以服务发展为宗旨，以促进就业为导向”的教育，中等职业学校开设的课程是为课程学习者构建通向就业的桥梁。无论是课程设置、专业教学计划制定、教材选择和开发，还是教学方案的设计，都要围绕课程学习者将来就业所必需的职业能力形成这一核心目标，从宏观到微观逐级强化。教材是教学活动的基础，是知识和技能的有效载体，它决定了中等职业学校的办学目标和课程特点。因此，教材选择和开发关系着中等职业学校的学生知识、技能和综合素质的形成质量，同时对中等职业学校端正办学方向、提高师资水平、确保教学质量也显得尤为重要。

2015年国务院颁布的《关于加快发展现代职业教育的决定》提出：“建立专业教学标准和职业标准联动开发机制，推进专业设置、专业课程内容与职业标准相衔接，形成对接紧密、特色鲜明、动态调整的职业教育课程体系”等要求。这对于探索职业教育的规律和特点，推进课程改革和教材建设以及提高教育教学质量，具有重要的指导作用和深远的历史意义。

目前，职业教育课程改革和教材建设从整体上看进展缓慢，特别是在“以促进就业为导向”的办学思想指导下，开发、编写符合学生认知和技能形成规律，体现以应用为主线，符合工作过程系统化逻辑，具有鲜明职教特色的教材等方面还有很大差距。主要是中等职业学校现有部分课程及教材不适应社会对专业技能的需要和学校发展的需求，迫切需要学校自主开发适合学校特点的校本课程，编写具有实用价值的校本教材。

校本教材是学校实施教学改革对教学内容进行研究后开发的教与学的素材，是为了弥补国家规划教材满足不了教学的实际需要而补充的教材。抚顺市农业特产学校经过十多年的改革探索和两年的示范校建设，在课程改革和教材建设上取得了一些成就，特别是示范校建设中的18本校本教材现均已结稿付梓，即将与同行和同学们见面。

本系列教材力求以职业能力培养为主线，以工作过程为导向，以典型工作任务和生产项目为载体，对接行业企业一线的岗位要求与职业标准，用新知识、新技术、新工艺、新方法，来增强教材的实效性。同时还考虑到学生的起点水平，从学生就业够用、创业适用的角度，使知识点及其难度既与学生当前的文化基础相适应，也更利于学生的能力培养、职业素养形成和职业生涯发展。

本套校本教材的正式出版，是学校不断深化人才培养模式和课程体系改革的结果，更是国家示范校建设的一项重要成果。本套校本教材是我们多年来按农时季节、工作程流、工作程序开展教学活动的一次理性升华，也是借鉴国内外职教经验的一次探索，这里面凝聚了各位编审人员的大量心血与智慧。希望该系列校本教材的出版能够补充国家规划教材，有利于学校课程体系建设和提高教学质量，能为全国农业中职学校的教材建设起到积极的引领和示范作用。当然，本系列校本教材涉及的专业较多，编者对现代职教理念的理解不一，难免存在各种各样的问题，希望得到专家的斧正和同行的指点，以便我们改进。

该系列校本教材的正式出版得到了蒋锦标、刘瑞军、苏允平等职教专家的悉心指导，同时，也得到了中国农业大学出版社以及相关行业企业专家和有关兄弟院校的大力支持，在此一并表示感谢！

教材编写委员会

2015 年 8 月

前言

本书是根据农业现代化、工厂化育苗需要而编写的，作为中等职业学校学生使用的教材。

全书共分6个项目，内容包括设施育苗的基本要求、穴盘育苗技术、嫁接育苗技术、扦插育苗技术、营养钵育苗技术和组织培养育苗技术。

本书内容全面具体，根据当地的蔬菜、花卉、果树的种类科学地进行编写。可操作性强，语言简练，通俗易懂。本书可以作为当地技术人员推广的教材，也可以作为农民提高实用技术的读本。

项目一设施育苗的基本要求，项目四扦插育苗技术的任务一至任务五，项目五营养钵育苗技术的任务一、任务二、任务四、任务五由李强编写；项目二穴盘育苗技术的任务一、任务二、任务六，项目三嫁接育苗技术由王娟编写；项目二穴盘育苗技术的任务三至任务五和任务七，项目四扦插育苗技术的任务六，项目五营养钵育苗技术的任务三、任务六、任务七，项目六组织培养育苗技术的任务三和任务四由刘占宁编写；项目六组织培养育苗技术的任务一和任务二由邓小敏编写。在编写过程中，抚顺农业特产学校有关领导给予了大力支持，在此表示衷心感谢。

由于作者水平有限，加之时间仓促，不当之处在所难免，恳请各位同仁批评指正。

编　者

2015年10月

目录

项目一　设施育苗的基本要求

知识目标　了解育苗设施的类型。
理解育苗容器和基质。
理解各种环境因子对育苗的影响。
掌握电热温床的铺设技术。

技能目标　能识别各种类型的温室。
掌握基质的配制方法。
能对苗期环境进行调控。
掌握电热温床的铺设。

项目流程　基质准备→种子处理→播种→覆土→出苗→苗期管理。

任务一　育苗设施及辅助设施

【任务准备】

①了解各种类型的温室,掌握育苗的基本设施。

②能操作播种机、覆土机、喷雾器。

【工作环节】

一、观察各种类型温室的特点

温室是以日光为能源,具有保温蓄热砌体围护和外覆盖保温措施的建筑体,冬季无需或只需少量补温,便能实现周年生产的一类具有中国特色的保护设施。

(1)温室参数　温室方位角以正南或南偏西 5°。前屋面采光角在北纬 40°地区最好底脚部分呈 30°～35°,中段 20°～30°,上段 15°～20°。后屋面角度大于当地冬至太阳高度角 7°～8°。温室长度以 70 m 左右为宜,跨度 7～9 m,后墙高 2.5～

4.5 m,脊高 3.5～5 m。

(2)温室建造

①墙体建造:内外墙均砌二四墙,中间留出 11.5 cm 空隙,填炉渣,珍珠岩,外贴 10 cm 聚苯板。后墙顶部筑钢筋混凝土梁。

②拱架制作:6 分镀锌管做顶梁,再用 10 号钢筋做拉筋,12 号钢筋做下弦,上下弦间距 20 cm,每个骨架间距 85 cm,最高处用 5 cm×5 cm 槽钢,温室中部用 2 根 4 分镀锌管拉筋。

③后屋面建造:用 2 cm 木板铺在底部,再铺 5 cm 厚的聚苯板,5 cm 稻草,再铺炉渣,抹水泥、沙浆,最后防水用两毡三油。

二、观察各种类型大棚的特点

大棚的类型有竹木结构大棚、装配式钢管大棚、菱镁拱架结构大棚、玻璃钢拱架结构大棚。

三、观察地膜覆盖、遮阳网覆盖栽培的特点

地膜的类型有普通地膜、黑色膜、绿色膜、黑白双色膜、银色膜、除草膜、红外膜。

四、参观连栋温室

记录温室的参数,总结连栋温室特点。

五、操作机器

操作播种机、覆土机、喷雾器。

【注意事项】

①总结各种类型温室、大棚的结构参数。

②操作机械时注意安全。

【问题处理】

①机械的保养。

②喷雾器的维护。

【知识链接】

校内实习厂连栋温室性能和特点:采用文洛型温室,9.6 m 跨度、4 m 开间、肩高 4 m、顶高 4.8 m、顶部阳光板结构、四周双层中空玻璃结构。

一、温室参数

①温室规格:48 m×28 m。

②温室东西方向5个连跨,跨度9.6 m,长为48 m;南北方向7个开间,开间4 m,宽28 m;檐高4 m,顶高4.8 m。

③单栋温室面积为1 344 m^2。

二、温室主要技术指标

①抗风载:0.35 kN/m^2。

②抗雪载:0.5 kN/m^2。

③吊挂荷载:0.15 kN/m^2。

④最大排雨量:140 mm/h。

⑤雨槽坡度:2.5‰。

⑥电源参数:220 V/380 V,50 Hz。

三、主要材料及设备配置

(一)温室骨架

温室主体骨架为轻钢结构,采用国产优质热镀锌钢管及钢板加工,正常使用寿命为15~20年。骨架各部件之间均采用镀锌螺栓、自攻钉连接。

根据温室面积大小及承载能力,选用温室主体骨架参数如表1-1所示。

表1-1　温室主体骨架参数

棚头立柱	双面热镀锌矩形钢管100 mm×100 mm×3 mm
立柱	双面热镀锌矩形钢管100 mm×50 mm×3 mm
桁架和纵拉杆	双面热镀锌"几"字形钢管
复合式焊接横梁	双面热镀锌矩形钢管50 mm×50 mm×2 mm
水槽	冷弯热镀锌钢板,δ=2.0 mm(温室采用内排水,内排水要求无落水管,以减轻对温室的遮光)

(二)温室覆盖材料

(1)顶部　采用国产聚碳酸酯(PC)板覆盖,厚度10 mm,采用铝合金型材固定，橡胶条密封。

(2)立面　采用双层玻璃覆盖，玻璃规格为 4 mm＋9 mm＋4 mm，采用铝合金型材固定，橡胶条密封。

(三)外遮阳系统

采用70％遮阳率的遮阳网、国产专用托幕线、专用齿轮齿条、专用电机。本系统采用电机＋齿轮齿条驱动机构。遮阳网采用国产优质黑色遮阳网，遮阳率75％，保质期 8 年。传动系统中电机采用优质专用的 WJD 80 型电机，遮阳网应自动收放。由于是外遮阳，所以要求其网的强度高，抗老化性能好。天福网采用“结结交连，环环相扣”的特殊织法织造，网体非常牢固，随意剪裁不脱线，较一般的遮阳网结构强度平均大 3 倍，网体平均抗拉力强度大 2.35 倍，耐磨强度大 40 倍，耐撕强度大 9.5 倍，其强度足以承受 12 级以上的台风袭击而丝毫无损。网体采用最新抗脆化的特殊配方，能够经得起烈日、寒霜、强风、暴雨、冰雹等的袭击而不易脆化断裂，耐候性强，比一般的网耐用程度强 5 倍以上。

(四)内保温系统

采用斜拉自走式新技术，降低温室加热体积，全封闭，防结露。本系统包括控制箱及电机、减速器、时间继电器、支撑钢材、保温幕、卡簧卡槽等。

(1)控制箱　该箱内装配有幕展开与合拢两套接触器件，可手动开停，又可通过时间继电器，实现自动停车。

(2)传动设备　由减速电机连接件组成，通过减速电机与之连接的驱动轴输出动力。

(3)传动轴　采用 $\phi 32\times 3$ 钢管，电动机安装在驱动轴一侧。

(五)自然通风系统

为了更好地控制温室温度、节约能源。当气温不太高的时候，设置自然通风系统。在温室顶部设天窗，顶开窗采用分段单侧开启的形式，由 1 台电机控制，东侧设侧开窗，侧开窗系统由 1 台电机控制。采用温室专用减速电机加齿轮齿条驱动系统；轴及联接件为国产热镀锌件。

(1)密封　窗框采用温室专用铝型材，四周采用橡胶密封条。

(2)覆盖材料　选用与顶部覆盖材料一样的 10 mm PC 板。

(六)湿帘风机降温系统

每栋温室采用 6 台大流量轴流风机，功率为 0.75 kW/台。湿帘长度 24 m，高度 1.5 m，总面积 36 m^2。套外翻式侧窗，齿轮齿条机构电动操纵。湿帘/风扇降温系统利用水的蒸发降温原理实现降温目的。系统选用瑞典技术生产的湿帘、水泵系统以及国产大风量风机。降温系统的核心是能确保水均匀地淋湿整个湿帘墙。空气穿过湿帘介质时，与湿帘介质表面进行的水气交换将空气的温度降低。湿帘风机降温系统是一种经济有效的降温方法。

该系统由湿帘、循环水系统、轴流式风机和控制系统4部分组成。湿帘采用瑞典蒙特公司产品，保证有大的湿表面与流过的空气接触，以便空气和水有充分的时间接触，使空气达到近似饱和，与湿帘相配合的高效风机足够保证室内外空气的流动，将室内高温高湿气体排出，并补充足够的新鲜空气。

通常温度20～25℃、相对湿度不超过75%的环境是最佳气候条件。实践证明，采用"湿帘风机降温系统"的蒸发降温设施是一种有效的降温方法。蒸发降温系统能减少室内水分蒸发，并能改善工作环境。此外，湿帘还能净化进入的空气。

太阳辐射是主要热负荷，通风量是根据遮阳设施的类型及进入的太阳辐射量而确定的。太阳辐射、遮阳率与每平方米面积所需通风量之间的关系如表1-2所示。

表1-2　太阳辐射、遮阳率与每平方米面积所需通风量

遮阳率/%	太阳辐射/(900 W/m^2)	通风量/[$m^3/(m^2 \cdot h)$]
40	540	270
50	450	225
65	315	190
75	225	180

经计算，采用湿帘总长约为24 m。

风机设计说明：采用的风机的电机功率为0.75 kW，每台风机的出风量为20 000 m^3/h。

需要说明的是，实际情况下，考虑到能量的损失和极限光照强度，可适当增加湿帘长度和风机数量。

(1)湿帘　高1.5 m，总长24 m(包括铝合金框架)。在维护良好的条件下，使用寿命5～10年。湿帘布置在北侧景观温室矮墙上面。

(2)水泵　2台，水泵电机功率为1.1 kW，供水装置2套。

(3)风机　7台，外形尺寸1 000 mm×1 000 mm×400 mm，扇叶直径900 mm，排风量为20 000 m^3/h，功耗1.1 kW。

侧翻窗采用铝合金窗框及窗边，美观实用，密封性强。采用1.95 m大宽度窗户，配合1.5 m湿帘，通风量大，降温效果明显。侧翻窗通过传动轴齿轮带动齿条，使整扇窗户同步开合，运转平稳，故障率低，耐用持久。传动系统中电机采用北京东方海升机械公司生产的WJD 40电机，齿轮齿条采用荷兰RIDDER品牌。

循环水系统配置：采用进口叠片式过滤器，主管路采用UPVC管，支管路采用国产防老化、抗紫外线的PE管，喷头采用折射式微喷。可单独进行控制，以便满足不同作物水分的要求。

（七）空气热泵加温系统

采用空气热泵加温系统，节能环保。二氧化碳热泵是指以天然气体CO_2作为制冷剂的热泵。CO_2是一种不破坏大气臭氧层（ODP＝0）和全球气候变暖很小（GWP＝1）的天然制冷剂，有良好的安全性和化学稳定性，CO_2安全无毒，不可燃，适应各种润滑油及常用机械零部件材料，即便在高温下也不分解产生有害气体。因此，在对环境保护呼声日益重视的现在，CO_2作为制冷剂越来越被人们看好。前国际制冷学生主席G. Lorentzen认为CO_2是无可取代的制冷剂，指出其可望在热泵领域发挥重要作用。

CO_2具有与制冷循环和设备相适应的热力学性质。

①CO_2的蒸发潜热较大，单位容积制冷量相当高。

②具有良好的输运和传热性质，CO_2优良的流动和传热特性，可显著减小压缩机与系统的尺寸，使整个系统非常紧凑。

③由于CO_2的临界温度很低（304.21 K），因此CO_2的放热过程不是在两相区冷凝，而是在接近或超过临界点区域的气体冷却器中放热。

④在CO_2跨监界制冷循环中，其放热过程为变温过程，有较大的温度滑移。这种温度滑移正好与所需的变温热源相匹配，是一种特殊的劳伦兹循环，当用于热泵循环时，有较高的放热系统。在超临界压力下，CO_2无饱和状态，温度和压力彼此独立。

⑤与常规制冷剂相比，CO_2跨临界循环的压缩比较小，为2.5～3.0，可以提高压缩机的运行效率，从而提高系统的性能系数。

（八）灌溉施肥系统

配置喷灌、滴灌相结合，前端加施肥系统。温室配合苗床配置滴箭系统，A区配置滴灌系统。另外在温室每区靠近湿帘侧（北棚头）设2处水龙头供日常清洗用水。

1. 滴箭系统

温室配合移动苗床配置滴箭灌溉系统。该系统采用进口滴箭组合，滴量均匀，不受压力影响，具有高出流均匀度，可按作物间距灵活排放。

(1)设计要求　要求具有一定压力和流量的水源进入温室，水压达到系统设计压力，水质达到市政自来水洁净程度。

(2)配置说明　在移动苗床上铺设 PE 管，滴箭根据种植作物与 PE 管组合，每盆一个滴箭。主要用于种植槽、无土栽培及盆栽作物的灌溉与施肥。

温室的首部，装置过滤、测量和手动控制装置。按种植方向每排苗床布置 3 排 PE 管，间隔 0.5 m 布置 4 根滴箭，每根滴箭毛管长 0.6 m。

2. 滴灌系统

温室 B 区灌溉采用滴灌系统。该系统采用以色列耐特菲姆公司进口优质滴灌管，其标准工作压力为 0.1 MPa，滴头流量为 2 L/h，滴头间距为30 cm(说明：此为常用标准参数，具体参数要依据种植情况选定)，产品设备包括阀门、过滤器、PE 管、滴灌管等。

3. 自动施肥系统

(1)系统简介　自动施肥机是计算机自动控制系统 Eldar-Shany 公司精心研制、生产的高科技产品。此系统设计独特，操作简单，配置模块化，能够按照用户任意设置的灌溉施肥程序，进行灌水施肥及 EC/pH 的实时监控，是一种应用广泛的开放式系统。

该系统的工作原理是通过一套文丘里泵将肥料养分注入灌溉水，提高水肥的耦合效应及利用率。另外系统配备可编程控制器，能精确控制灌溉时间、灌溉频率以及灌溉量等，因此，作物能及时准确地得到水分和养分的供应。

(2)技术参数

①控制器供电电源：220 V/50 Hz(或 115 V/60 Hz)，偏差不超过±7%。

②灌溉系统的压力：2～5 Pa。

③控制器的输入/输出数量：根据需要进行配置。

(3)基本组成

①灌溉首部：包括液压水表阀门、可调式压力调节阀、水压继电器、压力计、过滤器及各种配套装配件。

②自动控制装置：包括 EC 和 pH 采样监控单元、Galileo 可编程控制器、控制面板。

③施肥部分：包括一套文丘里肥料泵及流量调节器、专用电动水泵。

④不锈钢框架：自动灌溉施肥机上所有的部件都按模块化方式紧凑地装配在不锈钢框架上。

⑤营养液桶和输水管道及各种附件。

(4)功能特性　用户可以通过控制器键盘直接进行灌溉施肥程序的设计，设计的灌溉程序多达100个，施肥程序多达20个，通过这100个独立的灌溉程序和20个施肥程序能够自动执行不同定量或定时设置的灌溉施肥过程。

①能精确按比例均衡施肥，实现EC和pH的实时监控。

②此系统具有较广的灌溉流量和灌溉压力适应范围。

③装有灌溉施肥自动报警系统。

④灌溉系统错误或故障解决后，能够自动恢复运行。

⑤当发生断电或电源故障时，内置的高能锂电池可支持可编程控制器的内存及时备份所有的控制程序和数据信息。

⑥2个过滤器的反冲洗操作程序分2组控制，最多可控制10个过滤器。

⑦能够执行20个定时或条件控制的雾喷程序。

⑧施肥机可与环境气候控制系统相结合，共同组成一个可由中央计算机控制的网络，能够通过软件的设置，实现数据采集、数据处理以及相应装置的控制，从而方便地完成各种任务序列。

(九)二氧化碳补充系统

智能化温室CO_2补气系统采用国产WM-Ⅱ型气体肥料发生器。该设备为专利产品，可产生纯净的高浓度气体肥料——CO_2，明显提高作物光合作用，使植株生长加快，根系发达，枝繁叶茂，增产增收。本产品经济实用，外形美观，安全可靠，操作方便。温室每区配置1台，共计配置8台。

1. 系统功能

①可大幅提高温室作物单产率，作物产量增加30%以上。

②可提高作物的抗病能力，减少发病率。

③可调节作物产出的糖分、淀粉等，提高产品质量。

④可提前或推迟花期，控制作物的成熟时间，以获得最佳的经济效益。

2. 产品特点

(1)结构紧凑　将储酸器、计量环、反应器、净化器四大部分融合为一个整体，各部之间既相互隔离又相互连通。

(2)外形美观　全部装置呈传统的“宝瓶型”设计。

(3)安全可靠　本发生器壁厚有几倍的安全系数，即使加酸调节阀完全打开也不会因为内部气压过大而发生爆炸。

(4)操作方便　特别设计了微调结构，可调节加酸速度，从而控制产生CO_2的数量。每加一次酸可使用1周左右，方便实用。

(十)数字采集及自动控制系统

温室环境气候控制系统由先进的控制器、性能可靠的传感器和完善的尖端控制程序组成，是农业自动控制系统能够监测和控制温室内部植物生长所需要的最适宜环境的最理想控制系统。

1. 控制过程

首先系统将各个环境参数传感器的模拟输入信号通过控制器进行采集，再经过系统的自动分析比较、数据处理与转换，然后启动控制柜中的电磁继电器，运行相关的环境参数调节设备，从而来维持温室内部较为恒定的植物生长环境。

2. 技术参数

(1)每个温室中可选的最大控制输入/输出数量

①输出。通风窗/通风孔:10 组;风扇:4 组;循环风扇:4 组;加热器:4 组;冷却系统:4 组;遮阳网:2 组;CO_2 发生器/阀门:4 组;雾化/蒸发喷药:4 组;备选自由输出:4 组;报警输出:10 组。

②输入。模拟输入(传感器):温度:4 组;湿度:最多可达 20 组;CO_2:1 组;风速:1 组;风向:1 组;雨量:1 组;室外温度:1 组;光照辐射:1 组;备选输入:4 组。

③数字输入。系统故障/错误信号输入:10 组;通风窗状态:6 组。

(2)控制器供电电源的技术要求　230 V,50 Hz,0.5 A;115 V,60 Hz,1.0 A。

(3)Galileo 可编程控制器　供电电路必须符合最小电流为 2 A。

3. 气候控制系统

(1)控制器　是一个功能强大的模块化自动控制器，通过在控制器主板上增加或减少控制输入/输出卡，它可以从最精巧的控制集成单元(16 路输出，8 路数字输入，8 路模拟输入)到具有 192 路输入/输出的功能强大的控制器之间随意变换，Galileo-2000 型可以控制 4 个先进的温室气候控制系统或 2 个温室气候控制加 1 个灌溉系统控制。

(2)系列环境参数传感器　控制所用的传感器经过精心的选择和严格的测试，反应灵敏，测定精确，性能可靠。

(3)"智能化"控制微处理程序　包括一个综合性的，使用灵活的，由许多控制应用程序模块构成的软件包，它是一个开放式的系统，能够适应各种类型种植者的控制需要，而无需进行程序的任何修改，且此处理器系统能够识别任何输出电流在 4～20 mA 的传感器信号。

(4)通信系统　Galileo 计算机控制系统的通信系统有直接通信、调制解调器(MODEM)通信、无线电等通信方式。常采用直接通信的方式，其适配器是国际标准的 L485 通信适配器，有通信雷电保护功能。

(5)中心计算机控制软件　是基于 Windows 2000 的计算机控制软件,同时伴有动画形式的生动展示和实时检测系统,可进行编程和数据储存,它全面考虑了风、雨、温度、湿度和日照辐射等环境因素水平以及各种不同的气候控制过程之间的相互关系,是一个功能强大、完善的计算机控制系统。

4. 系统控制的设备

(1)顶部通风窗　程序设计了多达 10 级打开状态,含窗户位置自动校正以及特殊时间段运行程序的选项,依据不同的设定条件,每组通风窗可预设每日 3 个不同时段的打开状态。

(2)内外遮阳网　可根据温度/日照辐射决定遮阳网的展开或卷起,也可以由预定的时间段来控制遮阳网的展开或卷起。

(3)加热系统　通过读取一个温度传感器的数据或多个传感器的平均值来控制气体加热器、锅炉、热水循环泵或阀门。

(4)冷却降温系统　包括由设定温度条件控制的湿帘降温系统、雾化器、雾喷或空调等。当启动湿帘降温系统时,控制阀门按照顺序启动。

(5)灌溉系统　可根据预先设定的灌溉时间及灌水量,自动启动灌溉系统,进行灌溉。

(6)通风系统　用以降低温度及湿度,一般由温度控制几组风扇的运行,此时天窗关闭,北窗或侧窗打开。

(7)空气循环　通过内部的循环风扇使热空气、CO_2 气体或杀虫剂均匀分散于整个温室有效空间,或者用于植物叶片露水的驱除。

(8)报警装置　用以报警提示系统运行错误和极端恶劣的气候条件。用户可以自由选择不同的报警声音。Eldar 计算机控制系统可以为灌溉系统设置 24 个报警监控条件,对灌溉系统进行全方位的监控,同时对气候控制系统的所有设备的马达运行故障和温湿度感应探头及其他传感器进行报警监控。通过严密的报警监控系统确保灌溉和气候控制系统的运行达到完善、精确。

5. 中心控制计算机的系统硬件要求

预装 Windows 2000 的 PC 机 1 台,使用 PIV 以上的中央处理器,128 M 内存,4M 以上显存;10 G 以上硬盘,1.44 兆软盘驱动器一个;17″显示器,配备鼠标、键盘、网卡、彩色喷墨打印机 1 台;显示器的显示设置为 1 024×768 像素;高分辨率,真彩色;打印机接口和串口 COM1-COM2。

(十一)温室除雪装置

温室除雪装置具有独立系统循环、免维护、节能的优点。

1. 抚顺地区降雪量分析

根据气象部门提供资料，抚顺地区最大积雪深度为 26 cm。

2. 板式换热器可行性分析

采用板式换热器，以 SE50 型为例（两组 80 片），最大传热面积 30 m^2、流量 10^4 m^3/h。每小时输出热量大于 30 万 cal（1 cal＝4.187 J），按大暴雪 5 mm 降水量计算，3 h 内可以融掉。该产品体积小，安装维修方便，换热面积可在一定范围内增减（每组外形尺寸为 710 mm×315 mm×1 400 mm）。

3. 系统主要构成

本系统据有支持天沟保温、运转费用低、自动控制、安装维护简便等特点。本系统包括加热循环部分、循环融雪液介子、热交换系统、自动控制强制循环系统、高点泄压阀等。融雪管线采用国产优质开泰管，使用寿命 20 年以上。南北两侧设两道主管线，管线规格为 $\phi 50$。每道天沟上设两根融雪管，两侧各设一个阀门，便于装维修。天沟北侧各设一个循环泵，对系统内融雪液进行强制循环，保证系统内散热均衡。融雪液通过换热装置与供暖系统分开独立循环。融雪液采用特殊介子，在非使用阶段可保留在系统内，不必排出，免维护。在融雪系统高端设多个排气阀，保证系统正常运行。

控制系统采用温控、电动两用控制手段。可自动控制也可人为控制，使除雪效果达到最佳。

换热系统采用板式换热器，热回收率可达 98%。

（十二）土建及操做间

温室基础深 2.0 m（根据冻土层来定），C_{20} 混凝土现场浇注（可根据当地地质状况适当调整）。温室内部为点式基础，四周采用条形基础，现场浇注圈梁，用以提高温室整体强度，温室四周地面以上采用 0.8 m 高砖墙水泥沙浆抹面起到保温并预防冬季扫地风。温室外四周做一圈厚 5 cm，宽 0.6 m，斜度 4%的 150＃散水，防止基础被直接冲刷。

（1）温室操作间　建议在温室北侧设立，管理方便，保温效果好。

（2）室内地面　温室中部南北及东西铺设宽 2 m，厚 0.15 m 的水泥路面。

（3）室外散水　温室外四周做宽 0.6 m，厚 0.1 m 散水。

（十三）环流风机

环流风机是风机的一种类型，是依靠输入的机械能提高气体压力并排送气体的机械。环流风机广泛适用于温室、大棚、畜禽舍的通风换气。尤其对封闭式连栋温室，按定向排列方式做接力通风，可使湿热空气流动更加充分，降温效果极佳。

是理想的纵向、横向循环风流、通风降温的设备。

(十四)苗床

1. 配置说明

温室配置移动式苗床系统。苗床采用热镀锌骨架、铝合金边框,其组成主要包括苗床床面、主体构架、滚轴、防翻部件等。其具体配置如下:

①规格:1.5 m×30 m×0.7 m(宽×长×高),共 28 个,面积 1 260 m^2。

②移动苗床的实际设置总面积为 2 520 m^2。

2. 移动苗床特点

主体结构材质采用双面热镀锌钢件,边框部分采用铝合金结构;可左右移动较长距离,使温室的实际使用面积得到显著提高,在高度方向上可以进行微调;具有防翻限位装置,防止由于偏重引起的倾斜问题;在水平方向两个苗床间可产生约 0.6 m 的作业通道;苗床组件可方便地拆卸和组装。

(十五)配电控制系统(包括照明、补光)

1. 电动控制系统

温室采用电动控制系统对遮阳、通风等配套系统实施有效控制。该系统经济实用,适用于大型生产、观赏性温室以及生态酒店。

温室每区配备一个综合配电箱。配电箱带有自动和手动转换装置,以便于设备的安装及维修等工作的顺利进行。

变压器等外部构件由用户负责,需要把主电源线接到温室的电控箱内(电源电压上下波动不能超过±5%,如波动幅度超过±5%,建议用户配备稳压器)。

2. 照明系统

照明系统采用防水型日光灯。

(1)产品特性　灯罩外围有一层防水罩,可防止露珠进入灯体导致损坏,有效减少由撞击和其他原因造成的灯体损坏等现象;灯体外形新颖,形状各异,维修简便,可用来装饰;灯体机械强度高,可直接安装在普通可燃物质表面。

(2)组成　灯体、灯座、启动器、灯罩等。

(3)规格　单管功率 40 W 防爆灯,额定电压为 220 V。

3. 布线方式

为用电方便安装防水防溅插座,其位置及型号按规范布置;室内导线采用防潮型 RVV 塑料套线,信号线为 RVVP 屏蔽导线;为使室内美观,布线采用穿管暗敷方式;按需要设接地极,并将接地线引至所需位置;所有电源线、控制线、传感器信号线等导线及电气安装敷料。

4. 补光系统

光照是植物进行光合作用的必要因素，对喜光作物尤为重要。温室设置补光系统，系统采用进口农用生物补光钠灯。该农艺钠灯是一种设计用于园艺市场的高强度钠气灯，它可以提供最理想的，与植物生长需求相吻合的光谱分布，不论是针对光合作用，还是为自然植物的生长创立了准确的“蓝”和“红”的能量平衡，光谱分布的改善使作物生长的环境更好控制，并且使作物生长得更好和质量更高。

温室各个功能区合理布置GE农用补光钠灯。

任务二　育苗容器及育苗基质

【任务准备】

①不同规格的穴盘、塑料容器（塑料薄膜、硬塑料杯）、泥容器（营养砖、营养体）。

②各种类型的育苗基质：如草炭土、山皮土、园田土、河沙、蛭石、炉渣、马粪、猪粪、鸡粪。

【工作环节】

一、配制基质

配制不同比例的基质，观察各种类型育苗基质，了解其特点。

好的基质应该具备以下几项特性：理想的水分容量，良好的排水能力和空气容量，容易再湿润，良好的孔隙度和均匀的空隙分布。恰当的pH(6.5～7.5)，富含秧苗生长需要的矿质营养，基质全氮的含量应在0.8%～1.2%，速效氮的含量达到100～150 mg/kg。基质颗粒的大小均匀一致，无植物病虫害和杂草，每一批基质的质量保持一致。

营养土配方为草炭土∶马粪∶蛭石∶河沙＝5∶3∶1∶1，把所需要的基质过筛，按照配方比例进行混配。

二、选择育苗容器

观察各种育苗容器，掌握育苗容器的特点，根据不同蔬菜苗，选用不同的育苗容器。

黄瓜选用10 cm直径的营养钵，芹菜选用108孔穴盘。

三、消毒

育苗容器消毒要使用较为安全的季铵盐类消毒剂。

【注意事项】

①对于基质应考虑来源,及时进行消毒处理。

②育苗容器在使用后,应及时消毒。

【问题处理】

穴盘消毒方法:经过彻底清洗并消毒的穴盘,亦可以重复使用,推荐使用较为安全的季铵盐类消毒剂,也可以用于灌溉系统的杀菌除藻,避免其中细菌和青苔滋生。不建议用漂白粉或氯气进行消毒,因为氯会与穴盘中的塑料发生化学反应产生有毒物质。

【知识链接】

一、草炭土

草炭土即泥炭,是沼泽发育过程中的产物。草炭土形成于第四纪,由沼泽植物的残体在多水的嫌气条件下,不完全分解堆积而成。含有大量水分和未被彻底分解的植物残体、腐殖质以及一部分矿物质。草炭土有机质含量在30%以上(国外认为应超过50%),质地松软易于散碎,相对密度0.7~1.05,多呈棕色或黑色,具有可燃性和吸气性,pH一般为5.5~6.5,呈微酸性反应,呈层状分布,称为泥炭层。是沼泽发展速度和发育程度的重要标志。是一种宝贵的自然资源。优质的草炭质土有机质(钨)含量一般在10%~60%,颜色呈深灰或黑色,有腥臭味,能看到未完全分解的植物结构,浸水体胀,易崩解,有植物残渣浮于水中,干缩现象明显。

二、蛭石

蛭石是一种天然、无毒的矿物质,在高温作用下会膨胀。它是一种比较少见的矿物,为层状结构的硅酸盐。其晶体结构为单斜晶系,从外形看像云母。蛭石是一定的花岗岩水合时产生的。它一般与石棉同时产生。由于蛭石有离子交换的能力,它对土壤的营养有极大的作用。2000年世界的蛭石总产量超过50万t。最主要的出产国是中国、南非、澳大利亚、津巴布韦和美国。蛭石矿物的名称来自拉丁文,带有"蠕虫状""虫迹形"的意思。蛭石被突然加热到200~300℃后会沿其晶体的c轴产生蠕虫似的剥落,它也由此获名。蛭石是一种层状结构的含镁水铝硅酸盐次生变质矿物,原矿外形似云母,通常主要由黑(金)云母经热液蚀变作用或风化而成。蛭石有时以粗大的黑云母样子出现(这是蛭石的黑云母假象),有时则细微得成为土壤状。把蛭石加热到300℃时，它能膨胀20倍并发生弯曲。因其受热失水膨胀时呈挠曲状，形态酷似水蛭（俗称蚂蟥），故称蛭石。蛭石一般为褐色、黄色、暗绿色，有油一样的光泽，加热后变成灰色。蛭石可用作建筑材料、吸附剂、防火绝缘材料、机械润滑剂、土壤改良剂等，用途广泛。

蛭石的主要化学成分有 SiO_2、Al_2O_3、Fe_2O_3、MgO、K_2O、H_2O、CaO。

蛭石按阶段性可以划分为蛭石片和膨胀蛭石，按颜色分类可分为金黄色蛭石、银白色蛭石和乳白色蛭石。

蛭石片经过高温焙烧其体积可迅速膨胀6～20倍，膨胀后的比重为60～180 kg/m^3，具有很强的保温隔热性能。

蛭石用于温室大棚内，具有疏松土壤，透气性好，吸水力强，温度变化小等特点，有利于作物的生长，还可减少肥料的投入。在刚刚兴起的无土栽培技术中，它是必不可少的原料。蛭石能够有效地促进植物根系的生长和小苗的稳定发育。长时间提供植物生长所必需的水分及营养，并能保持根阳光温度的稳定。蛭石可使作物从生长初期就能获得充足的水分及矿物质，促进植物较快生长，增加产量。

三、炉渣

炉渣又称溶渣。火法冶金过程中生成的浮在金属液态物质表面的熔体，其组成以氧化物（二氧化硅，氧化铝，氧化钙，氧化镁）为主，还常含有硫化物并夹带少量金属。煤在锅炉燃烧室中产生的熔融物，由煤灰组成。可作为砖、瓦等的原料。

任务三　育苗环境控制

【任务准备】

①掌握控制温度、光照、水分、施肥的技术特点。

②了解株形控制的技术。

【工作环节】

一、温度的调节

根据气候条件适时播种，在保护地育苗可以人工调节温度。

（1）加温方法　清洗棚膜，增加透光；增加覆盖，在温室内加一层棚膜增加温室保温；利用锅炉暖气加温；利用电加温，电暖器、电热线临时取暖。

（2）降温方法　放风：开始放小风，随外界气温升高加大放风；用遮阳网、竹帘遮阳，降低温度；地面浇井水，叶上喷水，向棚膜上喷水来降低温度。

二、光照

大多数植物育苗都需要充足的光照，增加光照的方法有：①清洗棚膜。每天早晨可以用笤帚或拖布自上而下把尘土及碎草等清扫干净。悬挂镀铝膜做反光幕。②人工补光。每平方米用 80 W 功率的农用生物效应灯或白炽灯。

三、水分管理

播种前，育苗床基质水要浇透，然后播种。这样在出苗前基本不用浇水。

出苗后，在子叶展开之后则要根据环境变化和植株长势，控制穴孔基质下半部见干见湿。可以在浇水前挖起一部分基质，观察下半部分是否有一定的湿度。也可以抬起穴盘看看穴盘底部的基质是否变干，以此决定是否补充水分。通过浇水，让 10％的水渗出穴盘外，便可进入湿水时期。当施肥或灌药的时候，必须浇透。而浇清水时则只需浇至水流过穴盘。

对于比较小的蔬菜苗，可以采用浸土法浇水，就是把育苗盘放在水池里，让水从基质下部逐渐渗透到上部，这样不浇小苗，防止浇水倒伏。

苗长到一定大小，真叶展平，就可以用喷壶或喷雾器浇水，也可以用喷灌。

在低温季节里育苗，可以用 25～30℃温水浇苗。

如果浇水次数过多，那么植物容易徒长，减少基质透气性，对根系造成损伤，从而容易感染病菌。

四、施肥

（1）育苗肥的选择　一般来说，好的商品育苗基质能够提供子叶完全展开之前所需的所有养分。由于穴盘容器小，淋洗快，基质的 pH 变化快，盐分容易累积而损伤幼苗的根系。所以我们要选择品质优良而且稳定的水溶性肥料作为子叶完全展开后的养分补充。

（2）施肥方法　在育苗中后期，用尿素和磷酸二氢钾 1∶1 比例配制成 3 000 倍液体浇灌；叶面喷施，可以用 0.2％磷酸二氢钾或者 0.5％尿素叶面正面和背面都喷到。

五、株形控制

对于商品苗生产者来说，整齐矮壮的穴盘苗是共同追求的目标。最多的做法是先在育苗中期人工移苗一次，解决整齐一致的问题。而矮壮苗的实现，很多育苗者在生产实践中会选择用化学生长调节剂的办法来调控植株的高度。

控制株高的方法：①昼夜温差。夜间温度高于白天温度 3～6℃，时间 3 h 以上，对控制株高有一定效果。②降低环境的温度，低温炼苗，不仅控制植株高度，而且增加植物抗性。③还有一些机械的方法如拨动法，可以抑制植物长高。有人做过试验对番茄苗期进行人为机械拨动，比对照番茄，植物生长高度低。④使用矮壮素处理，能使植株变矮，秆茎变粗，叶色变绿，可使作物耐旱耐涝，防止作物徒长倒伏，抗盐碱。

在辣椒和土豆开始有徒长趋势时，在现蕾至开花期，土豆用 1 600～2 500 mg/L矮壮素喷洒叶面，可控制地面生长并促进增产，辣椒用 20～25 mg/L 矮壮素喷洒茎叶，可控制徒长和提高坐果率。用浓度为 4 000～5 000 mg/L 矮壮素药液在甘蓝（莲花白）和芹菜的生长点喷洒，可有效控制抽薹和开花。番茄苗期用50 mg/L的矮壮素水剂进行土表淋洒，可使番茄株形紧凑并且提早开花。如果番茄定植移栽后发现有徒长现象时，可用 500 mg/L 的矮壮素稀释液按 100～150 mL/株浇施，5～7 d 便会显示出药效，20～30 d 后药效消失，恢复正常。

【注意事项】

①放风时不能太激烈，以免闪苗。

②绝对不允许穴盘苗完全干燥；反之，基质中水分过于饱和也不行，会造成根系缺氧。

③育苗时注意保水，可以在出苗前在苗床上覆盖地膜或者玻璃。

④选择肥料要重点考虑 2 个因素：一是肥料自身氮肥的组成，氮素有 3 种类型，对植物生长有不同的影响；二是地域环境状况和气候的不同，选择不同的肥料配方。

【问题处理】

①在炼苗时，放风量要大，控制植物在低温条件下的适应性。

②在天气热的时候，用水流一半的技术，可以有效控制苗的徒长。

任务四 电热温床铺设技术

【任务准备】

①了解电热温床的结构和性能，掌握电热温床的设置方法及注意事项。

②电热线若干根，控温仪 1 台，皮尺、钢卷尺各 1 把，挂线柱（短竹棍）60 个，铁锹 2 把。

【工作环节】

一、电热线

电热线是将电能转变成热能进行土壤加温的设备，外有绝缘层。其电阻、功率、长度都是一定的，不能随意截短或接长。不能空中通电，不能整盘通电。每根的两端都配有一段普通导线，用于连接到电源(图 1-1)。

图 1-1　电热线布线

二、苗床

首先做苗床，下挖 15 cm，底部整平，铺隔热层，可以使用 5 cm 苯板。然后铺少量细土，均匀搂平(图 1-2)。

图 1-2　苗床

三、布线计算

选定功率密度。根据当地应用季节的基础地温，栽培作物的种类对温度的要求以及设施类型的保温能力而定。

总功率＝功率密度×苗床面积

电热线根数(取整数，并联)＝总功率/电热线额定功率

布线行数(取偶数)＝(电热线长度－床宽)/床长

布线间距＝床宽/(行数＋1)

按照计算好的间距在床的两端距床边10 cm处插上挂线柱(中间的可稍稀些，两侧的可比平均间距密些)。布线时2人在两端拉线，使其贴紧地面，1人在中间往返放线，逐渐拉紧以免松动交叉。电热线两端的普通导线从床内伸出来连接电源和控温仪。检查电路是否通畅。

四、埋线

先均匀撒一薄层土(厚2 cm左右)将线埋没，撒土时勿让线移位。电热线不可相互交叉、重叠、打结。做苗床时，再铺8 cm厚的床土，并将控温仪上的感温头插在两行电热线中间，深5～10 cm。如用容器育苗，直接放上即可。

五、接控温仪

先切断电源，然后再接控温仪。对每个接线头都进行绝缘处理，再进行安全检查。温度控制器为上海产品(型号KWD)，该控制器与天津第二开关厂生产的CT10～10、CT10～40交流接触器配套使用。此外，线距之间为保证安全和连接方便，应连接保险丝和空气开关(图1-3)。

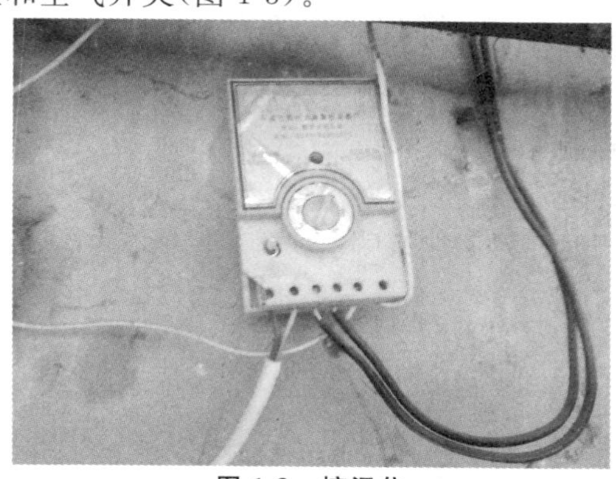

图1-3 控温仪

【注意事项】

①电热线使用时要拉紧放直,电热线不得弯曲、交叉、重叠和打结,接头要用胶布包好,防止漏电伤人。如果发现电热线绝缘层破损,用电容胶修补。

②在苗床进行各项作业时,一定要切断电源之后进行,确保人身安全。注意劳动工具不要损伤电热线。

③电热线外有绝缘层。其电阻、功率、长度都是一定的,不能随意截短或接长。不能空中通电,不能整盘通电。每根的两端都配有一段普通导线,用于连接到电源。

④电热加温线也不要随便接长或剪短,用完后要及时从土中挖出,并清除泥土,干燥后进行妥善保管。

⑤加温线断后可用锡焊接,接头处应套入 3 mm 孔径的聚氯乙烯套管。发现绝缘层破坏,应及时用热熔胶修补。修复线、母线用前应将接头浸入水中,接头露出水面,用绝缘表检查绝缘后才能用。

【问题处理】

①使用过程中,发现电热线不通电时,最好用断线检测仪检测,并用防水绝缘胶布包好,并用木棒支起来,以免漏电发生危险。

②在挖苗或育苗结束收线时,要清除盖在上面的土,轻轻提出,不要用铁锹深挖、硬拔、强拉,以免切断电热线或破坏绝缘层。电热线取出后擦净泥土,卷成盘捆好,放在阴凉处保存。控温仪及继电器应存于通风干燥处。

复习思考题

1. 育苗设施有哪些?
2. 育苗设备有哪些?
3. 育苗环境温度调控有哪些方法?
4. 铺设电热温床的注意事项有哪些?
5. 育苗时怎样控制株高?
6. 温室育苗怎样浇水?
7. 温室育苗施肥时注意问题有哪些?

项目二　穴盘育苗技术

知识目标　了解穴盘育苗的特点和育苗设施。
熟知育苗主要设备的作用和使用方法。
掌握穴盘育苗的主要技术要点。

技能目标　掌握工厂化穴盘育苗技术要点。
能够识别本地育苗常用基质，能够按比例配制。
能够按要求熟练装盘。

项目流程　材料的准备（种子处理、基质处理、育苗盘准备）→精量播种（装盘→压孔→播种子→覆土→覆蛭石→喷灌浇水）→催芽→苗期管理→炼苗→出室。

任务一　穴盘育苗的设施设备及工艺流程

【任务准备】

①穴盘育苗所必须的设施。

②了解各设备的使用方法。

【工作环节】

一、温室

种苗生产对光、温、水等环节要求较高，所以选择的温室要具备以下条件。

①保温性能好，并具备控温设施。如降温用水帘、遮阳网，北方冬季温室加温用的暖气设备等。温度范围应在 20～27℃，有利于快速生长。相对湿度 75%～85%为宜，高湿有利于发芽；中低湿度有利于生长，幼苗健壮；过湿会使苗变弱变小，引起徒长和病害。

②透光性能好。温室的透光性能好主要有2个因素：一是温室角度，二是覆盖材料，现多选用透光性和无滴性能好的薄膜或PC板材。光照为自然光照的50%～70%，25 000～35 000 lx，强光会伤害植株，弱光会使植株弱小多病。温室应可以调光。

③通风性能好。

④育苗温室还应具备定植前低温炼苗和大小苗分级管理的性能。要有育苗床架，采用滚动式育苗床架，一般架高60 cm左右。

二、精量播种系统

精量播种系统是穴盘苗生产必备的机器设备，它是由基质混配机、送料及基质装盘（钵）机、压穴及精量播种机、覆盖机和自动喷淋机等五大部分组成。这五大部分连在一起是自动生产线，拆开后每一部分又可独立作业。精量播种机一般有机械传动式和真空吸附式2种。播种系统的选择要根据实际情况而定，对于年生产商品苗300万株以上的育苗基地，应考虑使用自动化程度较高的精量播种机；100万～300万株的小型育苗基地可选择购置2～3台手动精量播种机；100万株以下的育苗基地则可选择购置1台手动播种机。

三、催芽室

催芽室是一种能自动控制温度和湿度，促进种子萌发出芽的设施，最好用保温彩钢板做墙体及房顶，既便于保温，也有利于清洁、消毒，催芽室内应配套自动喷雾增湿装置、照明设备、空调、移动式发芽架以及相应的自动控制装置、灭菌装置等。

四、育苗绿化室

育苗绿化室是用于幼苗培育的温室。绿化室要求具有良好的透光性和保温性，能够使幼苗出土后按预定要求的指标管理。现代工厂化育苗温室一般装备有育苗床架、加温、降温、排湿、补光、遮阳、营养液配制、输送、行走式营养液喷淋器等系统和设备。

五、其他设备

主要有种子处理设备、基质消毒设备、灌溉和施肥设备、种苗储运设备、打孔器、覆料机、喷雾系统、移苗机、移植操作台、传送带等，可视需要加以配备。

六、穴盘与基质

育苗穴盘是穴盘育苗的必备容器，穴盘选择要综合考虑经济效益、作物种类、苗龄长短、回收利用等因素。育苗穴盘与机械化播种的机械相配合，因此其规格一般是按自动精播生产线的规格要求制作，标准穴盘的尺寸为 540 mm×280 mm，因穴孔直径大小不同，孔穴数在 18～800。栽培中小型种苗，以 30～288 孔穴盘为宜。穴孔形状主要有方形和圆形，在生产上方形穴孔应用的比较多。穴盘育苗采用的基质主要是泥炭土、蛭石、珍珠岩等轻基质。这些基质比重轻，具有良好的透气性和保水性，酸碱度适中，含有适当的养分、能够满足子叶展开前的养分需要，基质颗粒的大小均匀一致，无植物病虫害和杂草，病毒污染少等。

【注意事项】

①使用各设备时要注意安全。

②基质使用前要消毒。

③使用过的穴盘下次最好不用，如用必须消毒。

【问题处理】

①为实际生产提供优质的环境。

②提高种苗商品性和育苗质量。

任务二　穴盘育苗技术

【任务准备】

①设备及材料的准备。

②合适的温室条件。

【工作环节】

一、种子处理

要想获得优质的穴盘苗，就必须有高质量的种子，种子必须具备高发芽率和高活力的特性。因此，播种前应对种子进行适当的处理，如种子消毒、精选、发芽测试、活力检测、打破休眠、催芽等，以提高育苗效率及幼苗质量。

二、穴盘选择

选择黑色、方口、倒梯形的穴盘，常见的有 32 孔、40 孔、50 孔、72 孔、105 孔、

128孔、162孔、200孔、288孔等。根据所选择的品种和苗龄长短选择不同的孔数，茄果类一般选用128孔或200孔，瓜类选用50孔或72孔，椒类选用128孔，绿叶菜类选用128孔或288孔等。实际生产上还要综合考虑经济效益、作物种类、苗龄长短、回收利用等因素。

三、基质的选择和装盘

育苗的好与坏，基质是非常关键的。

1. 选择基质的要求

保肥能力强，能供给根系发育所需要的养分，避免养分流失；保水能力强，避免基质水分快速蒸发；透气性好，避免根系缺氧；不易分解，有利于根系穿透，能支撑植物；能给苗充足的水分和养分，酸碱度适中，pH为5.5～6.5；无病原菌，每一批基质的质量必须保持一致。

2. 装盘

首先要把基质湿润，先喷水，有一定的含水量，要求达到60%，用手一握能成团，但水不能从指缝滴出来，手张开时还是团，手放下团就能散开即可。装盘时要均匀一致轻轻填充，然后刮去多余的基质，尽量让填充的基质一样多，播完种以后能均匀出苗，好管理。

四、打孔及播种

1. 打孔

不同品种选择不同的打孔深度，茄果类一般打孔1 cm，叶菜类0.5 cm，瓜类1.5 cm，但并不是绝对的，生产上还要根据种粒的大小来确定打孔的深度。

2. 播种

播种之前为了预防土传病害的发生，可以进行药剂的预防，一般用百菌清800倍液进行喷雾。播种时直接用手将种子放在穴盘孔的中间，每孔播1粒，避免漏播。如经催芽处理的种子，播种时应注意不要折断露出的胚根，使胚根朝下，利于苗根系向下生长。

五、覆盖

播种后，为保证种子周围有一定的湿度和透气性，通常在种子上覆盖粗蛭石或珍珠岩等基质。覆盖基质要均匀一致，根据品种确定适宜覆盖厚度。

六、播后苗期的管理

(1)水分管理　对水分及氧气需求较高，利于发芽，相对湿度维持在95%～

100%,供水以喷雾形式为佳。盖料后要进行一次大浇水,以浇透基质为准,这样才能保证种子的发芽、保证以后形成良好的根系。

(2)防病 防立枯病、猝倒病等要用百菌清。

(3)盖膜 浇足水后在穴盘表面覆一层薄膜,保水保温,到种子开始发芽、拱土的时候揭膜,防烧芽烫芽。

(4)温度 出苗前温度应比出苗后温度高2～3℃,要求控制棚温为28～30℃。

七、出苗后的管理

(1)水分 穴盘育苗水分蒸发快,容易缺水,但水又不能很大,涝了宜烂根和徒长,这个时期水分供给稍减,相对湿度降到80%。一般晴天要求喷2次水,上午、下午各1次,每次浇水达到穴孔的一半就可以,阴天喷1次水,上午喷了下午就不用喷了,注意不能缺水,缺水就容易打蔫,影响花芽分化,导致产量下降。

(2)养分 结合浇水,必要时注意加入肥料或使用营养液。

(3)温度 黄瓜白天25～28℃,晚上12～15℃。

(4)防病 多菌灵500倍液,10～15 d喷1次,连喷2～3次,阴天用烟雾机250～300 g/亩,下午、傍晚熏。

八、炼苗

在幼苗生长到符合商品苗标准时,由于外界环境条件与温室内部环境存在差异,需要进行秧苗锻炼。

(1)方法一 低温锻炼,将符合商品苗标准的幼苗,白天床温降低至20℃左右,夜间温度降低至10℃,耐寒作物夜间温度可降低至1～2℃,白天逐渐加大通风量,使育苗场所的温度接近栽培场所的温度。

(2)方法二 适当控水,将符合商品苗标准的幼苗,在定植前10 d左右减少苗床浇水次数,防止因湿度过高造成秧苗徒长,适当蹲苗,增强秧苗定植后的环境适应能力。

【注意事项】

①穴盘选择。应根据所选择的品种选择不同孔数的穴盘。

②基质的选择。要保水又要透气,能给苗充足的水分和养分,酸碱度适中,无病菌,基质材料必须一致。

③打孔。不同品种选择不同的打孔深度,生产上还要根据种粒的大小来确定打孔的深度。播种之前为了预防土传病害的发生,可以进行药剂的预防,一般用百菌清800倍液进行喷雾,然后把种子播在小孔里就可以了。

④为保持种子周围有一定的湿度和透气性，选择蛭石盖平就可以。

⑤播后苗期管理，高温、高湿、遮光。

⑥出苗后的管理，温度、湿度适当降低，光照充足。

【问题处理】

1. 穴盘育苗的过程中幼苗出现徒长现象的原因及解决办法

原因：氮肥过多，光照不足，挤苗，水分过多、过湿。

解决办法：平衡施肥，选择合适的穴盘规格，温室薄膜选择透光性能好的或温室内有补光措施，结合温度、合理控制水分以控制徒长。

2. 穴盘育苗的过程中幼苗出现僵苗或小老苗现象的原因及解决办法

原因：棚室内温度低，生长调节剂使用不当，缺肥、缺水。

解决办法：保持棚室内适宜的温度，合理使用生长调节剂，注意浇水、施肥。

3. 穴盘育苗即工厂化育苗解决了传统育苗中存在的不足

①摆脱自然条件的束缚和地域限制。

②实现蔬菜、花卉种苗的工厂化生产。

③采用自动化播种，集中育苗，节省人力、物力，提高效率，降低成本。

④根坨不宜散，适宜远距离运输。

⑤幼苗的抗逆性增强，定植时不伤根，没有缓苗期。

⑥可以机械化移栽，移栽效率提高4～5倍。

⑦发芽率/成苗率高（尤其是高价值的种子）。

⑧抢季节（尤其是喜温作物，如西红柿、辣椒等）早栽植、早采收、采收期长。

⑨株形整齐、采收期一致。

⑩穴盘育苗技术消除了育苗取土对耕地资源的破坏，解决了传统育苗土壤消毒的难题。

任务三　矮牵牛穴盘育苗技术

花卉种子小、价格高是花卉生产中的一个突出问题。因为种子小，往往造成幼苗阶段生长缓慢且娇嫩，苗期时间过长，成苗率低；种子价格高，导致成本高，影响生产的收益，给花卉企业带来损失和风险。采用穴盘育苗方式，可以大大提高花卉育苗的发芽率和整齐度，缩短培育时间，提高花卉的商品价格和商品率。尤其对使用小粒种子育苗的盆花和花坛苗来说，无疑是一次很重要的技术进步。“矮牵牛轻基质穴盘育苗技术”可使其成苗率稳定在91%以上，苗期控制在42～45 d。

【任务准备】

①掌握矮牵牛轻基质穴盘育苗技术。

②了解矮牵牛商品化生产的质量要求。

【工作环节】

一、播种

(一)播种期的确定

安排在“五一”供花,需要在前一年的12月下旬播种;而国庆节供花的,需要在6月下旬播种。春、秋两季苗龄在43 d左右,夏季35 d。

(二)种子处理

可将种子放入50～60℃温水中,顺时针搅拌20～30 min,在水中浸泡一段时间,漂去瘪粒,用清水冲洗干净,滤去水分。种子风干后备用或进行种子丸粒化。种子丸粒化是用可溶性胶将填充物以及有益于种子萌发的物质黏合在种子表面,使种子表面光滑,大小、形状一致,粒径变大,重量增加。需要进行丸粒化处理的种子主要是粒径较细小,不易播种的种子,如四季海棠、矮牵牛、鸡冠花等。

(三)穴盘使用

根据不同的季节选择不同类型和规格的穴盘,春、秋季节一般选择288孔,夏季选择200孔。

(四)灭菌消毒

(1)器材消毒　对新购进的平盘、穴盘无需进行药剂处理;而旧盘建议用0.3%的高锰酸钾溶液浸泡消毒8～12 h,彻底清洗晾干后备用。

(2)温室消毒　前茬作物的残枝败叶以及温室内的病虫害如白粉虱、螨类、蛞蝓及线虫等,在小气候环境中会加重病虫害的发生和发展,所以必须彻底进行杀菌和灭虫。

(3)常用方法　25%百菌清1 g,硫黄粉4 g,锯末8 g,点燃熏杀;40%甲醛100倍液喷洒,用塑料膜覆盖2 d。

(五)基质配比

基质一般采用草炭、珍珠岩、蛭石混合而成,无病菌、草种和有毒物质。配方比例按草炭∶珍珠岩∶蛭石为3∶1∶1。每立方米基质中加入100 g多菌灵粉剂,配制完后检测基质的pH是否合适,如果不合适可以用石灰粉或硫酸亚铁进行调节,1.5 kg石灰粉可将每立方米基质的pH调高0.5～1.0,0.9 kg

硫酸亚铁可将每立方米基质 pH 调低 0.5～1.0。矮牵牛基质适宜的 pH 为 5.5～5.8。

基质填盘时要做到均匀一致，特别是边缘穴孔要填实，以浇水后基质不下陷为标准。采用手工或机械化播种机播种，每穴 1 粒，播种深度 0.2～0.3 cm，不需覆盖。

自动流水线播种应先播种后浇水，人工播种应先浇水后播种，主要是因为矮牵牛种子小，浇完水再播种，种子容易吸附在基质上面，播完种子再用喷雾器喷水。矮牵牛发芽需要光照，发芽阶段需要增加湿度。

二、育苗四阶段

(一)胚根萌发阶段

这一阶段需要 4～5 d 时间，发芽温度要求在 22～24℃，长时间超过 25℃或低于 20℃都会导致发芽率下降，或者推迟发芽时间，100～1 000 lx 的光照有利于提高发芽的整齐度和幼苗的质量，保持较高的空气相对湿度，基质相对含水量维持在 60%～85%。种子露白后要不断观察，及时移出发芽室，防止秧苗徒长。第 1 阶段结束，胚根长约 0.6 cm，子叶即将出现。

(二)茎和子叶出现

这一阶段需要 4～5 d 时间，要求温度 18～20℃，光照 10 000 lx 左右，夏季中午注意遮阳，基质 pH 为 5.5～6.0。这一阶段要控制好基质中的水分，尽量降低，以叶片不萎蔫为限，每次浇水可添加低浓度的肥料，做到“见干见湿、薄肥勤施”，每次浇肥后用清水冲洗叶面上的肥料，防止中午阳光强烈、温度过高产生肥害。当子叶完全展开后施用氮浓度为 50～75 mg/L，氮、磷、钾配比为 14—0—14、20—10—20 的肥料，交替使用，每周 2 次。第 2 阶段结束，胚根长 1.2～1.8 cm，子叶完全展开，出现第 1 片真叶。

(三)真叶生长和发育阶段

这一阶段需要 15～21 d，要求温度在 18～28℃。在阶段初期对矮牵牛进行移苗，移苗时把每穴双株的秧苗挖出来，小心分开，并补到未发芽的穴孔中，大小苗分别移入不同的穴盘，以便养护管理，提高穴盘苗的整齐度。生产高质量的矮牵牛穴盘苗，水分管理是关键，在避免出现永久性枯萎的前提下，两次浇水之间让土壤干透，加强氮肥施用浓度至 150 mg/L，使用氮、磷、钾配比为 14—0—14 的复合肥，为防止植物徒长，可施加含钙的肥(13N—2P—13K—6Ca—3 Mg)以减少氮的施用量，每周 1～2 次，可以增加根系的发育。基质的 pH 5.5～6.0。真叶出现后，如果环境条件很难控制徒长，可以喷施 B_9 或多效唑，浓度分别为 3 000 mg/L 和5 mg/L，控制秧苗徒长。第 3 阶段结束，胚根长度超过 2.5 cm 且有侧根，并生长到穴盘底部，出现 4～6 片真叶。

(四)准备移植或运输

这一阶段需要 7 d 时间，通过对水分、温度和营养的控制炼苗，光照 20 000～25 000 lx，施 1.5‰的 20—10—20 复合肥 1 次，在不引起生长障碍的情况下，两次浇水之间让土壤干透。利用高温、低温、强光照等逆境炼苗，以适应定植后的环境条件。第 4 阶段结束，秧苗有 5～8 片真叶。成苗率在 95%以上。

三、病虫害防治

矮牵牛的苗期病害主要有根腐病、猝倒病、病毒病，浇灌甲霜灵或甲基托布津等杀菌剂可以防治。矮牵牛的苗期虫害主要有蚜虫、蛾类、白粉虱、地蛆等。常见病虫害及防治方法见表 2-1。

表 2-1 矮牵牛常见病虫害及防治方法

常见病虫害	症状	防治方法
猝倒病	发病初期在植株基部出现水渍状病斑，绕茎扩展变为褐色，后期会感染周围其他植株，出现大面积的幼苗折倒	使用 25%甲霜灵可湿性粉剂 300 倍液或使用 95%绿亨一号 5 000 倍液灌根处理 2～3 次进行防治
病毒病	病株的叶片皱缩、斑驳、变小、黄化、畸形	一般使用 2.5%功夫菊酯乳油 3 000～4 000倍液、21%增效氰马乳油 6 000 倍液、10%吡虫啉粉剂 3 000～4 000 倍液杀蚜虫和白粉虱防止病毒传播
白粉虱	被害的植株叶片褪色、变黄、萎蔫、甚至死亡	使用物理防治办法，一般采用黄板诱杀白粉虱
地蛆	主要危害矮牵牛的根部，严重时小苗的根颈部被咬断，造成植株死亡	苗期控制水分，减少虫口密度，当苗床干至基质表面发白再浇水。该虫喜欢在潮湿的环境中繁衍。使用 2.5%溴氰菊酯乳油 2 500倍液或 75%灭蝇胺可湿性粉剂 6 000 倍液进行灌根处理 2～3 次

续表 2-1

常见病虫害	症状	防治方法
蛾类	啃食叶片，在叶片上会留有很多虫孔，严重时造成植株缺苗	利用黑光灯进行诱杀，靠黑光处需放一个装水的大盆。使用50%二嗪农乳油 1 500倍液、10%除尽悬浮剂 3 000 倍液、25%杀螟丹可湿性粉剂 800 倍液等，防治要在傍晚进行，蛾类易产生抗药性，因此要交替使用不同的药剂进行防治

四、矮牵牛穴盘苗外观质量标准

矮牵牛穴盘苗外观质量标准见表 2-2。

表 2-2 矮牵牛外观质量标准

整体效果	根系	苗高/cm	叶片
整齐一致，节间紧凑，充分盘根，缺穴率 2.5%	白根，布满穴盘穴孔	1 ～2	绿叶 4～6 片

【注意事项】

pH 维持在 5.5～6.2。pH 高时，导致植株缺硼，矮牵牛表现为叶片扭曲、叶尖干枯；在必要的情况下，可在土壤中添加硼，用 20～30 mg/L 硼砂溶液进行浇灌，生产过程中使用 1～2 次；使用硼砂前，先将其放在热水中溶解。

较低的 pH 能导致植株铁、锰中毒，叶片上出现褐色或黄褐色病斑，防治方法是施用 N—P—K 比例为 15—0—15 的基肥。

【问题处理】

基质填盘前首先检查一下基质湿度，基质太干不容易填实，太湿降低了基质的通透性，增加了基质的使用量，判断基质中水分是否合适的方法是用手捏能成团，有水滴在指缝间而不向下滴，松手后轻按可以散开为宜。

【知识链接】

矮牵牛花的生物学特征

矮牵牛又名碧冬茄，为茄科碧冬茄属植物。矮牵牛花朵硕大，色彩丰富，花形变化颇多，已成为重要的盆栽和花坛植物。品种有丛生种、匍匐种；花分重瓣、单瓣。

矮牵牛为多年生草本。茎直立或匍匐。叶卵形，全缘，互生或对生。花单生，漏斗状，花瓣边缘变化大，有平瓣、波状、锯齿状瓣，花色有白色、粉色、红色、紫色、蓝色、黄色等，另外有双色、星状和脉纹等。花期为5～7月份。

生物学特征：矮牵牛喜温暖和阳光充足的环境。不耐霜冻，怕雨涝。生长适温为13～18℃，冬季温度在4～10℃，如低于4℃，植株生长停止。夏季能耐35℃以上的高温。夏季生长旺期，需充足水分，特别在夏季高温季节，应在早、晚浇水，保持盆土湿润。但盆土过湿，茎叶容易徒长，花期雨水多，花朵易褪色或腐烂。盆土若长期积水，则烂根死亡，所以盆栽矮牵牛宜用疏松肥沃和排水良好的沙壤土。

矮牵牛属长日照植物，生长期要求阳光充足，在正常的光照条件下，从播种至开花需100 d左右。冬季大棚内栽培矮牵牛时，在低温短日照条件下，茎叶生长很茂盛，但着花很难，当春季进入长日照下，很快就从茎叶顶端分化花蕾。

栽培品种有呼拉裙系列、云系列、花边香石竹系列等。

任务四　绿菜花穴盘育苗技术

绿菜花又叫西兰花，属于喜欢冷凉的蔬菜，苗期适合的温度为白天20～25℃，夜间13～16℃，不同品种稍有差异。喜欢疏松、透气良好的基质，合适的pH为6.5左右。栽培时应选择植株生长势强，花蕾深绿色、花球弧圆形、侧芽少、蕾小、花球大、抗病、耐热、耐寒、适应性广的品种。如优秀、玉冠、东方绿宝、万绿、绿秀等或根据市场需求来选择各类优质品种。但必须符合国家二级种子标准方可使用。

【任务准备】

①掌握绿菜花穴盘育苗技术。

②了解绿菜花商品化生产时的质量要求。

【工作环节】

一、播前准备

1. 穴盘的选择

穴盘有50孔、72孔、128孔等多种型号，应根据所育秧苗的苗龄，选择不同孔径的穴盘，育4～5叶苗龄小苗的，可选择128孔穴盘，如育7～8叶大苗，宜选用72孔穴盘。穴盘可用多菌灵或石灰水消毒，在土坑或水泥池灌石灰水对穴盘消毒1 d即可。

2. 育苗场地及基质准备

一般在塑料大棚内育苗，床面平整，上铺一层厚塑料膜，防止根往土里扎，便于秧苗盘根。有条件的可放置一简易床架。棚架上用农膜和遮阳网覆盖，起防风、防雨、降温作用。

育苗基质可用菜园土、农家肥配煤渣、砻糠灰经发酵腐熟，提前堆制而成，条件好的也可选用育苗专用草炭，或者用草炭、蛭石与珍珠岩按 3∶1∶1 比例自行配制。每立方米基质另加复合肥 1.2 kg、过磷酸钙 3 kg，拌均匀后备用。

二、装盘、播种

用 50%多菌灵可湿性粉剂 1 000 倍液喷洒消毒，使基质含水量达 75%左右，用硫酸稀释液调节 pH 6～6.5，然后将基质装入穴盘中，基质装盘后，穴面用刮板刮平，用喷壶喷透水。

选择适宜当地栽培的优良品种，每亩栽培田播种量应掌握在 20 g 左右。种子播前用 55℃温汤浸种 15 min，搅拌，待水温降至室温再浸种 3～4 h；漂去瘪子，用清水冲洗干净后捞出，用湿布包好放在 20～25℃条件下催芽，待 80%种子露白后，将种子置于 5～6℃的环境下低温处理 3～4 h 待播。

每穴播种 1 粒，另多播 1～2 盘备用苗，作补缺用。播种后覆盖基质并用刮板刮平，厚度以覆平穴盘为宜，0.8～1.0 cm。种子盖好后再用喷壶浇透水，然后用地膜覆盖苗盘（温度高时用遮阳网等遮盖），利于提温保湿，出苗整齐。

三、播后管理

（一）温度管理

春季日光温室育苗以保温为主，可以采取加扣小拱棚或铺设地热线来提高温度；夏季育苗以降温为主，可以采取加盖遮阳网或喷雾来降温。播种到出苗期，白天 25～28℃，夜间 15～20℃；出苗后温度适当降低，白天控制在 20～25℃，夜间 10～15℃。

（二）湿度管理

播种到出苗期，湿度保持在 90%；苗出齐后，湿度控制在 60%～75%。一般播种后 3 d 出苗，出苗后及时揭去地膜。高温天气及时揭盖遮阳网，注意棚内通风、透光、降温。基质缺水，易造成幼苗萎蔫成老化苗。所以穴面基质发白应补充水分，一般早、晚浇水 2 次，避免中午高温时浇水伤苗，每次浇匀、浇透，利于秧苗根下扎，形成根坨。在 2 片子叶展开时及时移苗补缺。

(三)肥水管理

一般出苗1周后子叶完全展开,结合灌水进行追肥。每100 L水加入三元复合肥(15—15—15)50 g、硼砂15 g,EC值控制在0.8左右,每周施肥1次。EC值随着施肥次数的增加,逐渐由0.8增至2.0。

(四)及时防治病虫害

重点防治猝倒病、立枯病、蚜虫、小菜蛾、黄曲条跳甲虫等。

1. 病害防治

苗期病害主要有猝倒病、立枯病等,湿度过大容易发病,可以每周用72.2%普力克800倍液或30%恶霉灵1 000倍液预防1次。

2. 虫害防治

虫害主要有蚜虫、小菜蛾和黄曲条跳甲虫。

(1)小菜蛾 危害甘蓝和花椰菜较严重。成虫为灰褐色小蛾子,体长6～7 mm,幼虫头尾尖细,呈纺锤形,黄绿色,体长10 mm左右;初龄幼虫取食叶肉,留下表皮,3～4龄幼虫可将叶片食成孔洞和缺刻,严重时全叶被吃得只剩下叶脉,呈网状,影响结球。

(2)黄曲条跳甲虫 主要危害幼苗。虫态有成虫、卵、幼虫、蛹,成虫体长约2 mm,长椭圆形,黑色有光泽,鞘翅中央有一黄色纵条,两端大,中部狭而弯曲,老熟幼虫体长4 mm,长圆筒形,头部、前胸背板淡褐色,胸腹部黄白色。跳甲成虫食叶,幼虫只害菜根,蛀食根皮,咬断须根,使叶片萎蔫枯死。在我国北方一年发生4～5代,当气温10℃以上时越冬成虫开始出蛰活动,在越冬蔬菜与春菜上取食,随着气温升高活动加强。产卵期可延续1～1.5个月,有世代重叠现象,卵孵化需要很高湿度,不到100%的相对湿度许多卵不能孵化。春、秋两季为害严重。

(3)防治方法 有物理防治和化学防治。

①物理防治:设施内运用黄板诱杀蚜虫。田间悬挂黄色黏虫板或黄色板条,其上涂上一层机油,30～40块/亩(1亩≈667 m^2)。中、小棚覆盖银灰色地膜驱避蚜虫。

②化学防治:蚜虫可用2.5%溴氰菊酯乳油2 000～3 000倍液或10%吡虫啉可湿性粉剂4 000倍液喷雾防治;跳甲和小菜蛾可用20%速灭杀丁乳油3 000～4 000倍液或活孢子数为100亿个/g的BT乳剂500～1 000倍液等药剂进行防治。

(五)定植前管理

定植前7 d进行炼苗,降低苗床温度,保持在20℃左右。幼苗3叶1心后,加大温室通风量，延长通风时间，进一步降低苗床温度，白天保持在 12～15℃，夜间保持在 5～8℃，促使幼苗健壮，叶片肥厚，叶色浓绿，节间短，茎粗壮，以适应定植后的露地环境。

穴盘苗苗期较短，一般 128 孔穴盘苗苗龄 35 d 左右，72 孔 50 d 左右，成苗后要及时移栽，避免秧苗老化。

【注意事项】

不同的穴盘规格、基质和基肥对西兰花幼苗生长发育有较大的影响，实际大田生产中要培育壮苗，可以采用 72 孔穴盘，基质可选用轻基质（泥炭：珍珠岩：蛭石＝2：1：1），也可在轻基质中掺和一定的比例食用菌渣或园土，并拌入一定量的基肥（复合肥或缓释性肥料）。

【问题处理】

加强苗期管理：一是调控好温度，发芽期为 25～30℃，子叶期为 18～20℃，真叶期为 20～22℃；二是增加光照，以中度光照为适；三是注意及时施肥；四是控制好水分，对水分的管理，其底水要足，苗期水分要干干湿湿，干透浇水。发现过湿，应采用通风或撒干细土、草木灰等措施除湿。特别是早春育苗时，应该避免湿度偏大，以利于提高温度。

【知识链接】

绿菜花生物学特征

绿菜花适宜的生存环境有如下几点要求。

1. 温度

种子发芽适温为 20～25℃，生长发育适温为 15～22℃，花球形成发育适温为 15～18℃。旬平均温度 10～25℃的季节是绿菜花露地栽培的适宜时期，温度超过 25℃或低于 5℃则发育不良，生长缓慢。

2. 光照

绿菜花要求有充足的光照，在长日照条件下能促进花芽分化，提早形成花球且花球质量好。光照不足时植株徒长，花茎伸长，严重影响品质，所以绿菜花花球必须见阳光。

3. 水分

绿菜花喜湿润环境，土壤相对含水量 70%～80%，空气相对湿度 80%～90%较适宜。干燥炎热的气候将造成植株生长不良。

4. 土壤养分

绿菜花对土壤的适应性较广，只要排灌便利的土壤都适宜栽培。适宜的 pH

为 5.5～8.0,以 pH 6.0 左右最好。绿菜花需肥量大,要求有充足的氮,在花球发育期还需大量的磷、钾,另外还需适量的硼、镁等微量元素。

任务五　大叶芹穴盘育苗技术

大叶芹,中文学名山芹,又称为山芹菜;是伞形科的一种山野菜,属多年生宿根草本,多生长在寒带的阔叶林下或灌木丛中,分布在我国的东北部和俄罗斯远东地区。大叶芹风味独特,其嫩茎叶可食,翠绿多汁,清香爽口,营养丰富,是色、香、味俱佳的山野菜之一。经中国科学院应用生态研究所测定,每 100g 样品中含维生素 A、维生素 E、维生素 C、维生素 B_2、蛋白质、铁、钙多种营养成分,全株及种子含挥发油。野生的大叶芹现为我国出口的绿色产品之一。

近年来,人们将野生大叶芹挖回、采种,进行人工栽培,栽培面积逐渐扩大。在保护地内,结合穴盘基质育苗技术栽培大叶芹,解决了芹菜定植前根系紧紧缠绕基质,定植后伤根、断根、剪根的难题,缩短了定植以后的缓苗时间;加快了根系的恢复,延长了生长时间;克服了大水大肥刺激引起分蘖侧芽的环境因素,保证了产品质量,提高了商品价值。

【任务准备】

①掌握大叶芹的采种方法和穴盘育苗技术。

②准备一块地建立采种园。

【工作环节】

一、采种

大叶芹野生产种率低,人工栽培首先要建立采种园。春季将野生大叶芹挖回,或从外地购进种苗,按 40 cm×60 cm 的株行距种在采种园区,再浇 1 次透水,以后视土壤墒情适当浇水,植株开始抽苔后,每隔 25～30 d 喷 1 次 0.3%磷酸二氢钾溶液,以提高种子的质量,生长中后期要及时给植株培土,防倒伏。

9～10 月份种子陆续成熟,本着成一季采一季,成一株采一株的原则,以避免一次性采收出现的种子成熟度不一致、发芽率低的问题。种子采下后,平摊在苇席或木板上,放在室内通风处,经常翻动,待种子干后除去杂质,种子装入透气性好的布袋内保存。

大叶芹种子调制后于冷凉通风处可干藏 2～3 年。种子几乎无休眠期,采后即可播种。

二、育苗前的准备

按照每亩准备长宽 50 cm×28 cm,穴孔 128 的穴盘 120 个,发酵配制好的基质 100～110 kg。做长宽 58 m×1 m 的苗畦 58 m^2,并准备好弓圆式竹皮、遮阳网等。

三、基质配制

用炉渣 6 份、粉碎发酵好的腐熟秸秆 2 份、牛马粪和菇渣各 1 份,过筛后混合拌匀,用 50%的多菌灵 300 g、辛硫磷 200 g,兑水 100 kg 均匀喷拌基质,堆 1.50 m 高,然后盖棚膜高温灭菌 4～5 d,用于装盘。

四、种子处理

播种前应进行低温浸种催芽。播种前 6～7 d 用冷水浸种 24 h,中间多次搓洗并换水,出水后用纱布或麻袋包好,放在 15～18℃(如地下室或吊入水井中距水面 30 cm 处)催芽,每天用凉水淘洗 1 次,6～7 d 种子露白时即可播种。试验表明,用 0.005%的赤霉素浸种 6～8 h 后再催芽,能显著提高发芽率。

五、播种

大叶芹适宜定植苗龄为 3 片真叶,育苗期 50～60 d,日光温室播种不受季节限制,一般在 10 月中下旬扣膜并进行播种。一般采取撒播方式播种。先将准备好的基质装入穴盘,摆放在育苗畦里,用喷雾设施将穴盘内的基质喷透。然后将催芽露白种子加细沙拌匀撒施穴盘 2～3 遍,再在种子表面覆盖 0.50 cm 厚的基质,反复喷水盖上地膜,将苗畦做成小拱棚覆盖遮阳网。

六、苗期管理

大叶芹播种后 10 d 左右子叶出土,这时应选择阴天或傍晚撤掉地膜,根据天气情况适当浇水,畦内湿度保持在 70%以上,使基质表面保持湿润。白天温度控制在 20～23℃,不能超过 25℃,夜间 18℃。从子叶出土到第 1 片真叶展开需15 d 左右,此时开始间苗,间苗后浇水。芹菜出苗以后要适当控水,每天早、晚适量喷水 1～2 次,配合喷水每隔 15～20 d 喷施 0.20%尿素溶液,以利于幼苗生长。从第 1 片真叶展开至第 3 片真叶展开需 30～35 d,此时苗高可达 8～10 cm,进行移栽定植。

七、病虫害及其防治

1. 病害防治

主要病害为斑枯病，每年6～7月份发生。

病症：主要为害叶片，也能为害叶柄和茎。一般老叶先发病，后向新叶发展。我国主要有大斑型和小斑型2种。东北地区以小斑型为主，初发病时，叶片产生淡褐色油渍状小斑点，大小0.5～2 mm，常多个病斑融合，边缘明显，中央呈黄白色或灰白色，病斑上散生黑色小粒点，病斑外常有一黄色晕圈。叶柄或茎受害时，产生长圆形暗褐色病斑，稍凹陷，中央密生小黑点。

本病由芹菜壳针孢菌侵染所致。播种带菌种子，出苗后即可染病，幼苗病部产生的分生孢子在育苗畦内传播蔓延。植株发病后，条件适宜潜伏期只需3～5 d。冬春季生产棚室内昼夜温差大而夜间结露多、时间长的天气条件下发病重，田间管理粗放，缺肥、缺水和植株生长不良等情况下发病也重。

防治方法：可用45%百菌清烟剂，200 g/亩分散5～6处点燃，熏蒸1夜；或者用75%百菌清可湿性粉剂600倍液，65%代森锰锌可湿性粉剂600～800倍液叶面喷雾，7～10 d 1次，全年3～5次。

2. 虫害防治

主要虫害是蚜虫，可用50%抗蚜威（辟蚜雾）可湿性粉剂或水分散粒剂2 000～3 000倍叶面喷雾进行防治。

【注意事项】

芹菜为耐寒性蔬菜，喜冷凉湿润，忌炎热。种子发芽最适温度15～20℃，低于15℃或高于25℃发芽率降低或延迟发芽，超过30℃几乎不出苗。

【问题处理】

间苗、补苗、蹲苗、炼苗。为防止幼苗拥挤徒长和根部染病，结合除草，及时间去簇生苗和过密苗，每穴留2～3株壮苗。幼苗长到3叶1心时带基质补苗1次，每穴留健壮苗1株。蹲苗时揭掉遮阳网，增加光照，控水炼苗。

【知识链接】

大叶芹的生物学特征

大叶芹株高50～100 cm；根状茎短而粗，地上茎直立，单一，具棱条；叶柄长约10 cm，基部膨大呈扁平鞘状；叶片轮廓近三角形，2～3回羽状分裂，长10～15 cm。它的可食部分是嫩茎叶，5～6月份采集。复伞形花序，顶生，通常单一；花白色；黑褐色双悬果，近圆形；花期7～8月份，果期8～9月份。大叶芹为林下阴性植物，多生长在针、阔混交林及杂木林下阴湿处，喜土层深、腐殖质丰富、含水量高但不积水的偏酸性腐叶土，其抗寒性强，可通过－30～－25℃低温而安全越冬。

任务六　刺龙芽穴盘育苗技术

【任务准备】

①种子处理。

②基质配制。

③适宜的环境条件。

【工作环节】

一、种子处理

1. 沙藏

于前一年的11月中下旬将干燥的种子用清水浸泡1～2 d，搓去果皮，漂洗将瘪粒漂出，捞出种子，然后将种子晾至不粘手后用河沙拌种，种子与河沙的比为1∶3，拌种后使河沙的含水量为50%～60%，搅拌均匀后放在10℃左右室内后熟15 d左右。之后将其放在自然温度的库房内或木箱内储藏，这期间的温度范围为－8～19℃。每隔半个月检查并翻动1次，到1月上中旬把种子移到－3～0℃的恒温冷藏，3月初至5月中旬即可播种。

2. 催芽

在播种前20 d，将种子冷藏室取出，放在5～10℃的房间内进行缓慢解冻，约2 d后进入高温催芽室，温度保持在18～28℃，每天翻动种子3次，以保证温度均匀，增强透气性。种子湿度保持在60%左右。

3. 漂洗种子

根据比重法，用水把种子和河沙分离出来，淘洗干净，然后晾干，待种子不粘手后即可用于播种。

二、基质配制

有草炭土、蛭石、复合肥等，经筛选后按草炭土与蛭石的比例为3∶1，按每立方米基质加1 kg氮、磷、钾比例为15∶15∶15的三元复合肥。并充分搅拌均匀，堆放好备用。

三、播种方法

穴盘装土，压孔，机器播种子，覆土，覆蛭石，喷灌浇水。

四、苗期管理

1. 水分

根据幼苗生长发育特点将水分管理分3个阶段。一是播种后至出苗前，3周左右，这个阶段主要是保持基质较高的水分，含水量60%～80%，以防止基质表层干燥；二是从子叶伸展到第2片真叶未出现之前，这个阶段幼苗根系生长较快，而且易发生病害，在管理上要一次浇透水，尽量延长浇水间隔时间，以减少基质表面的湿度及室内空气湿度，加大通风量，防止苗期猝倒病等病害的发生；三是第2片真叶出现以后，随着生长量的加大和室外温度的升温，要增加浇水量和浇水次数。

2. 温度

一是播种后出苗前，此时室外温度较低，应以保温为主，夜间气温保持在10℃以上，白天为25℃左右；二是苗出齐后至生长的中后期，夜间温度应控制在15℃左右，昼温仍在25℃左右，此时白天要注意通风。

3. 养分

在温室育苗期施用无土栽培专用肥2次，分别在幼苗长到1叶1心期和3叶期进行喷施。

【注意事项】

①种子必须经过处理。

②打孔及播种深度要适宜。

③苗期注意水分和温度的管理。

【问题处理】

经过处理的种子、出苗率提高。

【知识链接】

刺龙芽生物学特征

刺龙芽学名辽东惚木，别名刺老芽，龙芽惚木，是五加科落叶小乔木耐寒的林业树种。其嫩芽是营养丰富，鲜嫩的山野菜，在国内外市场很受欢迎。

刺龙芽的食用方法多样。可以生食、炒食、酱食、做汤、做馅，或加工成不同风味的小咸菜。它味美香甜，青嫩爽口，野味浓郁，是著名的上等山野菜，被誉为“山野菜之王”。多年来，一直是出口的主要野菜品种之一，而且供不应求。

刺龙芽的植物学特征：株高 1.5～6 m，灰色的树干上密生坚刺，叶为 2～3 回羽状复叶，花序长 30～50 cm，伞形。花淡黄色，浆果状核果黑色。花期 8 月份，果期 9～10 月份。

刺龙芽的嫩芽中含有丰富的营养成分。根据有关专家分析测定：每 100 g 新鲜的嫩芽中，含有蛋白质 0.56 g、脂肪 0.34 g、糖类 1.44 g、有机酸 0.68 g，此外还含有维生素 B_1、维生素 B_2、维生素 C、粗纤维、胡萝卜素以及磷、钙、锌、镁、铁、钾等矿物质，其中氨基酸的含量较高，而且品种丰富。除此之外，刺龙芽还有一定的药用价值，刺龙芽的根皮具有强壮筋骨、祛风除湿和补气安神等功效，用于治疗神经衰弱、风湿性关节炎、糖尿病、阳痿和肝炎等疾病。据日本报道，刺龙芽的树皮及根有健胃、收敛作用。日本民间用以治疗糖尿病、肠胃病、尤其对胃癌有卓效。苏联有专家研究发现，刺龙芽根皮有强心作用，效果优于人参，对于老年性痴呆症、蜘网炎及阳痿等多种神经衰弱综合征都有类似人参的疗效。20 世纪 60 年代就开始在临床上使用刺龙芽制剂治疗脑力、体力疲劳过度，并作为中枢神经系统兴奋剂。刺龙芽的主要成分为木皂甙，根皮中总皂甙含量是人参根总皂甙含量的 3 倍左右。此外，在其根、茎、叶、花和果实还含有黄酮、木质素、生物碱、多糖、挥发油和鞣质等成分，木皂苷与人参皂苷相似，是齐墩果酸的三四糖皂。齐墩果酸有抗炎、镇静、利尿、强心、提高免疫和防癌等作用，尤其用于治疗黄疸型肝炎与迁延型慢性肝炎效果更好。

刺龙芽植物学生长习性：喜欢生长在山沟谷、阴坡、半阴坡。海拔在 250～1 000 m的杂木林、阔叶林、针阔混交林、灌木林之中。生性耐阴，对光照要求不高。喜欢肥沃，而又偏酸性的土壤（pH 小于 7），相对湿度为 30%～60%，生长良好。但如果低于 30%，成年植株仍可以正常生长，因此刺龙芽可以说是喜水怕涝，而又特别耐旱的植物，具有顽强的生活能力和适应能力。

刺龙芽原产于我国，主要分布在我国、日本、朝鲜和俄罗斯的西伯利亚等地区。目前在我国主要分布在东北地区，其中辽宁的本溪、丹东、桓仁、宽甸、抚顺、新宾、清原和吉林的柳河、通化、集安、长白、桦甸、梅河以及黑龙江的尚志、五常、海林、伊春、密山等地区分布较多，资源丰富。

近年来，由于天然林的面积逐年减少，荒山坡地的植树造林，而且品种单一，致使刺龙芽的生存面积也在逐年减少。再加之部分地区破坏性、掠夺性的连年多茬采收，甚至割茎移栽，使刺龙芽资源急剧减少，在某些地区已面临灭绝的危险。不少地区开始人工栽培，获得很高的经济效益。

任务七 结球生菜穴盘育苗技术

结球生菜是叶用莴苣(生菜)中的品种,为菊科莴苣属一年生草本植物。

【任务准备】

1. 育苗物质准备

穴盘、基质土、农药(杀菌剂有敌克松或多菌灵、普力克等;杀虫剂可选用吡虫啉、阿维菌素等)、化肥(一般为氮、磷、钾三元复合肥、磷酸二氢钾、尿素等)、供水设施、板车、铁锹、铁耙、筛网、水桶(大、小)、水管、秤、喷雾器、温度计、湿度计等。

2. 育苗设施准备

北方早春育苗,一般气温较低,注意保温防寒工作,温室、大棚内应适当加温。育苗前平整好苗床,清除苗棚内的杂物,保持苗棚内清洁;当气温较高时,准备好遮阳网用于遮阳降温。此外,还应做好防止老鼠侵扰的工作,如捕鼠器等。

【工作环节】

一、品种选择

冬季保护地栽培和春季露地栽培选用美国结球生菜或前卫 75,夏季栽培选用奥林匹亚,秋季栽培选用美国结球生菜。

结球生菜耐寒性稍差些,在北方采用育苗移栽,利用各种类型保护设施可以做到周年播种,苗龄因季节不同而有差异。露地春茬育苗期 40～60 d,定植适宜苗龄有 6～8 片叶较为合适;秋季栽培育苗天数 30 d 左右,定植时 4～6 片叶为宜,播种期按用户需要而定。

二、配制基质土

育苗基质按照草炭∶蛭石∶珍珠岩＝3∶1∶1 的比例均匀配制而成,或者以草炭、蛭石、废菇料为育苗基质,比例为 1∶1∶1。配好的基质土还需添加一定量充分腐熟的有机肥和适量的复合肥,每立方米基质中加入比例为 15∶15∶15 的氮、磷、钾三元复合肥 1.2 kg,或加入 0.5 kg 尿素、0.7 kg 磷酸二氢钾,肥料与基质混拌均匀后备用。混合基质过程中用普力克粉剂 400 倍液均匀喷雾进行充分消毒,基质保持见干见湿为宜,拌好后堆积覆盖,捂闷 3～5 h 以待播种使用。

三、选择穴盘

生菜苗较小，一般选用200孔或288孔穴盘，育4～5叶大苗也可选用128孔苗盘。根据计划种植面积、出苗率安排播种盘数，结球生菜一般芽率95%以上，一般每亩定植27盘。旧穴盘使用前，用普力克800倍液喷雾或浸泡消毒。生产过程中，穴盘注意保养避免长时间暴晒，及时回收入库。

四、装盘

将配制好的基质土装入穴盘中，装盘时注意不太紧也不太松，轻轻压实，手压有弹性即可。

五、播种

穴盘育苗采用精量播种，每平方米苗床可播种子1.5～2.0 g。由于高温季节种子易出现热休眠，播前将种子放在冰箱里，0～5℃条件下存放7～10 d。装好的穴盘播种前浇透水，以穴盘下方滴孔滴出水为准。按压每个穴盘孔穴，压出0.5～1 cm的小坑，并在小坑内进行单粒点播，将播好种子的穴盘轻轻覆上蛭石并刮平，注意边角。经平板车运至苗床，摆好，第一次浇水要打透水，之后适当补水。气温较低的季节育苗时，浇透水后应覆盖一层白色薄膜以提高墒情，利于均匀出苗，上面再铺一层草帘，插温度计密切跟踪棚内及穴盘温度。

六、苗期管理

生菜喜湿，如遇夏季温度高蒸发量大，注意勤浇水，但也要注意防止烂心。一般在上午苗棚外温度回升后浇水，原则上是1 d浇1次，打水不宜过量，也不要过少，过量易造成徒长苗，过少则蒸发量大的时候还得二次打水。苗期子叶展开至2叶1心，水分含量为最大持水量的75%～80%；2叶1心后，结合喷水进行1～2次叶面施肥，可选用0.2%～0.3%的尿素和磷酸二氢钾液喷洒。3叶1心至商品苗销售，水分含量为70%～75%。

生菜喜凉爽、湿润气候条件，最适发芽温度为15～20℃，3～4 d出齐苗，幼苗生长适宜温度为白天15～18℃，夜间10℃左右，不低于5℃，白天超过25℃发芽缓慢，并出现热休眠。早春育苗时由于气温忽冷忽热，1 d之内温度变化频繁，防止低温冷害和高温灼伤。如果苗床加盖有覆盖物，温度低时，出苗率达到75%左右，可以揭开覆盖；一般下午掀去覆盖物，经一夜时间，第2天早晨苗基本出齐。7～8月份播种严格控制小气候，最好备用遮阳设备，防止种子休眠。中午注意预防苗棚内高温，一般温度不宜超过28℃，及时放风，风口根据实际情况而定；下午外界温度降低时，傍晚前将苗棚密封好，做好保温工作。

两子叶完全展开到真叶1叶1心前，用普力克750倍液、灭蝇胺4 000倍液等药剂进行病虫害防治，同时用复合肥200倍液进行第1次追肥；以后5～7 d打1遍药，7 d左右追1次肥。如早晨发现子叶下垂，说明苗棚内夜温较低，应适当保温；早晨子叶上，说明棚内夜温较高，应适当降温，避免徒长苗。生菜苗有2片真叶时，及时进行挪盘，以利于生菜苗将根盘在穴盘内。

由于种子质量和育苗温室环境条件影响，生菜精量播种出苗率有时只有70%～80%，在第2片真叶展开时，抓紧将缺苗孔补齐。

七、成苗期管理

任务是保证秧苗稳健生长，防止幼苗徒长，促进根系发育。一是尽量使夜温降低至8～10℃，并逐步放夜风，这时浇水要一次浇透，不宜小水勤浇；定植前5～7 d开始炼苗，集中摆放在露天环境，进行自然条件下的锻炼。

八、商品苗标准

生菜穴盘育苗商品苗标准视穴盘孔穴大小而异，选用128孔苗盘育苗，叶片数为4～5片，最大叶长10～12 cm，苗龄30～35 d；选用288孔苗盘育苗，叶片数3～4片，最大叶长为10 cm左右，苗龄20～25 d。生菜育苗推荐选用288孔苗盘，好处是拔苗时不易伤苗。

商品苗达到上述标准时，就能移栽了。冬天和早春，穴盘苗远距离运输要防止幼苗受寒，要有保温措施；夏天要注意降温保湿，防止萎蔫。

【注意事项】

早春育苗，种子已经露白即将破土的时候遇到温度变化频繁时，应格外注意观察出苗情况。

出芽到子叶展开浇水湿度可稍大，之后要注意控水，逐渐减少基质含水量，利于发根。浇水的水温不宜与气温相差太大。

基质中的肥料也可选用钙、镁、磷肥或自行配制，钾和氮的比例可为1.2∶1，钾含量高可以增强苗的抗病能力，但需注意营养均衡。夏季育苗时每立方米基质中加入15∶15∶15的氮、磷、钾三元复合肥0.7 kg。草炭、蛭石、珍珠岩应盖好，避免雨水。

【问题处理】

①用128孔穴盘时选用浅孔穴盘，深孔128孔育生菜苗没有优势，有费料、费

工、升温慢、容易沤根等问题。

②播种。普通生菜种子千粒重8～12 g,穴盘育苗人工播种速度慢,机器点种双棵或者3棵的情况比较多,间苗麻烦。如果将种子丸粒化处理,点种能容易些。

③如果采用自动喷水设施,覆盖面要全,不能出现干湿不均匀现象。

复习思考题

一、填空题

1. 穴盘育苗温室应具备(　　)、(　　)、(　　)的特性。

2. 穴盘育苗基质土壤酸碱度适宜范围应在(　　)。

3. 穴盘育苗不同品种选择不同的打孔深度,茄果类打孔深度一般在(　　),叶菜类(　　),瓜类(　　)。

4. 育苗基质消毒最常用的方法有(　　)、(　　)、(　　)等。

5. 工厂化育苗的精量播种设备整个流水线包括基质(土壤)搅拌、(　　)、(　　)、(　　)、(　　)、(　　)等六道工序。

二、简答题

1. 怎样配制矮牵牛穴盘育苗基质?

2. 矮牵牛苗期病虫害有哪些?如何防治?

3. 如何选择适合绿菜花育苗的穴盘?怎样配制绿菜花育苗基质?

4. 绿菜花穴盘育苗苗期应怎样管理?

5. 简述大叶芹的采种过程。

6. 进行大叶芹穴盘育苗时,如何配制基质?

7. 在工厂化的育苗中采用穴盘育苗的优点有哪些?

8. 工厂化穴盘育苗对基质的要求有哪些?

项目三　嫁接育苗技术

知识目标　了解嫁接技术在蔬菜、花卉上的应用及嫁接的优点。
　　　　　了解嫁接苗成活率的影响因素。
　　　　　掌握主要瓜类蔬菜及花卉的主要嫁接方法。
技能目标　掌握黄瓜、茄子的嫁接技术。
　　　　　掌握菊花的嫁接技术。
　　　　　培养学生探究、协作学习的能力。
项目流程　嫁接前的准备工作(设施、设备、砧木、接穗、基质)→嫁接操作技术→成活前的管理→成活后的管理。

任务一　嫁接育苗的设施设备

【任务准备】

①了解当地嫁接育苗的环境条件。

②嫁接育苗设施、设备的消毒。

③了解嫁接育苗设施、设备的使用。

【工作环节】

一、工厂化嫁接育苗设施、设备

1. 温室

采光条件较好的日光温室内无病虫害,有较好的通风措施,上、下风口的设置要合理,拉大两者的距离有利于通风,后墙具有较好的增温、蓄温能力。在我国北方地区,建议采用跨度 8～10 m,长度 60～100 m 的节能加温日光温室进行种苗生产。

2. 育苗床架

采用可移动式育苗床架,可移动设计使整个育苗床面只留一个过道,且可随意装撤，以充分利用育苗的空闲时间栽培蔬菜。床架高度在0.8～1 m，育苗架采用专用喷塑筛网，能达到平整、通风、见光，架长6.0～6.5 m(温室跨度7.5～8.0 m)，架宽视育苗盘大小而定，一般以能放3排育苗盘为好(韩国标准盘)，宽度为1.6～1.7 m。

3. 喷淋系统

日光温室专用喷淋系统采用电动单轨道，单轨双臂运行，微机编程控制，变频调速无触点往复运行。微机变频程序控制器，可一次输入33个程序，有自动记忆报警、启动时间、重复运行时间、停止时间设定，不同作物所需水量和肥量设定及选择性使用喷嘴等功能。速度范围控制在0.5～20 m/s，最大作业长度130 m，最大作业跨度12 m，喷嘴间距350 mm，三喷嘴独立控制，可均匀喷水、喷雾、喷药等。能够自动控制供水量和喷淋时间，同时能兼顾营养液和农药的喷施。

4. 自动放风系统

日光温室自动感应风口调节机，采用电动放风机和温度感应控制系统综合组装而成，可以实现高限温度(50℃)和低限温度(10℃)随意设定，高于高限温度自动开启放风机放风，低于低限温度自动开启放风机逆向合风，开放风行程在10～150 cm范围内可调。自动放风系统是一种无人管理的智能化高级放风系统，避免了人工放风的延误，精准化的温度设定更有利于秧苗的科学管理。

5. 加温系统

温室的加温方式现一般采用水暖加温、燃油热风机2种，在北方，因其加温时间长，一般配置水暖加温，相对南方一般配置燃油热风机加温。在最寒冷的地方，可考虑两种加温形式互补并用。水暖加温方式有圆翼型和光管型，光管型适合于穴盘育苗、苗床和栽培槽种植。燃油热风机有进口、国产多种品牌，功率可供需要选择。其中，燃煤热水锅炉是经常用的一类加温设施，它的选择与提供整个加温设施所需热量的总和有关，一般还留有20%～30%的备用空间，以备极端恶劣气候条件及温室保温效果不好的情况下使用。

6. 育苗盘

采用国产型或进口型50孔穴盘(多数规格为54 cm×27 cm)。

7. 播种器械

大、中型育苗场可以选用自动育苗播种生产线，小型育苗场采用手动育苗播种机或人工播种即可。

8. 催芽室

可以按照育苗的规模来确定催芽室的建设规模，年产量1 000万株以上的大型育苗场应设有100 m^2 以上面积的独立催苗室，室内设有自动加温控温及湿度调节装置及育苗架或育苗车。年产 400 万～1 000 万株及 400 万株以下的中、小型育苗场，也应设置设备比较完善的、能够控制温度的独立催苗室，最低也应在温室内设置组装式双层薄膜催苗室（15 m^2 左右）及育苗架。

二、嫁接材料

1. 材料品种

接穗采用适合当地气候和生产特点的抗病性较强、丰产、质优的品种。砧木多用与接穗亲和力强的专用砧木品种，由国家或地方品种审定委员会审定过的品种，如果是国外进口或外地调运的新品种，应有在本地区试种过 1～2 年的试验证明，或者具有良好直接生产试验效果的品种。

2. 嫁接工具

嫁接操作台、座凳、湿毛巾、嫁接针、竹签、刀片、嫁接夹、医用酒精棉球、喷雾器、盆、水桶、喷壶等。嫁接夹用来固定接穗和砧木，分为 2 种：一种是茄子嫁接夹，另一种是瓜类嫁接夹。如是旧嫁接夹使用前要用 200 倍醛溶液泡 8 h 消毒。刀片、竹签用 75％的酒精（医用酒精）涂抹灭菌，间隔 1～2 h 消毒 1 次，以防杂菌感染伤口。但用酒精棉球擦过的刀片、竹签一定要等到干后才可用，否则将严重影响成活率。

【注意事项】

①使用设备时注意安全。

②嫁接工具要消毒使用。

【问题处理】

提供嫁接育苗适宜的场所。

任务二 嫁接育苗技术

【任务准备】

①选择适宜的品种和砧木。

②掌握不同品种的播种方法。

【工作环节】

一、品种选择

（1）砧木的选择 嫁接亲和力强，共生亲和力强，对主防病害高抗或免疫，嫁接后抗逆性强，对品质无不良影响或不良影响小。

(2)接穗品种的选择　嫁接亲和力上与砧木间表现差异不大，接穗宜选用适合市场销售的当地主栽优良品种。

二、播种

因不同砧木发芽及生长速度不同，一般砧木应比接穗早播 5～20 d，砧木采用常规育苗方法播种即可。

三、嫁接前管理

接穗及砧木在出齐苗前均采用高温催苗措施，白天保持在 28～32℃，夜间 18～23℃，不同品种温度略有差别。出齐苗后应适当降温 3～5℃。浇水应根据不同基质保持见干见湿。当幼苗长 3～4 片真叶时，应及时进行分苗。

四、嫁接方法

嫁接常用的有劈接法、插接法、靠接法等。嫁接时应有操作台、刀片、嫁接夹等。

五、嫁接后管理

(1)温度　嫁接后要保持较高的温度，一般在 25～28℃，利于发根，接口容易愈合。采用小拱棚覆盖达到保温保湿的效果。

(2)湿度与通风　保持苗床内较高的土壤与空气湿度，但要注意湿度过大，容易诱发沤根。解决方法是要适时通风，在气温较高时揭开拱棚两端或部分通风。

(3)光照与遮阳　嫁接后 1～2 d 完全遮光 25～28℃，湿度达 90%。嫁接后 3～5 d 散射光 25～28℃，少量通风，一般经 3～5 d 保温、保湿、遮阳，接口就可愈合，接口愈合后，逐渐增加通风和见光量，锻炼接穗的适应能力。

(4)解线或去夹　接口愈合后一般 5～6 d 后解线为宜。解线或去夹均要小心进行，防止损坏幼苗。

(5)抹异芽　砧木的顶芽虽已切除，但其叶部的腋芽经一段时间仍能萌发，应及时抹掉，避免与接穗争夺养分和水分。

(6)肥水管理　当接穗破心时，要加强肥水管理，浇灌营养液 3～4 次。

【注意事项】

①要做好嫁接前的各项准备工作，如嫁接刀刀口要锋利。

②准备好嫁接用的接穗。

③嫁接不要在雨天进行。

④嫁接时按要领小心操作，用力均匀，以免伤了手指。

⑤接穗要用湿布包裹，以免失水影响嫁接成活。

⑥按接穗粗细剪好一定长度和宽度的塑料条。

【问题处理】

嫁接育苗解决了常规育苗中存在的不足。

①提高抗病性，克服连作障碍，防止土传病害。如瓜类枯萎病、茄果类青枯病、茄子黄萎病等。提高秧苗对低温、干旱、瘠薄等逆境的适应能力。

②嫁接技术在植物改良中的应用，作为植物无性繁殖的主要方法，达到特殊的栽培目的，达到改造植物的目的，能够保持品种的优良性状。

③减少病虫危害，增强植株抗病虫能力。

④提高接穗抗逆性，增强环境适应能力。

⑤促进生长发育，提早成熟，提高产量。

⑥嫁接技术在植物育种实践中的应用：通过嫁接杂交培育新种类型或新品种，作为有性杂交育种的辅助手段。

⑦扩大繁育系数，加速优良品种苗木繁育。

【考核评分】

嫁接考核评分见表3-1至表3-4。

表3-1　劈接考核评分

<table>
<tr><th>序号</th><th>评分要素</th><th>考核内容和标准</th><th>分值</th><th>得分</th><th>备注</th></tr>
<tr><td rowspan="3">1</td><td rowspan="3">15～25 min内完成15个（可改为25 min内20个）</td><td>15 min内完成15个，其中绑扎3个。操作规范、熟练</td><td>8～10</td><td></td><td rowspan="5">整个操作中安全有问题此项零分</td></tr>
<tr><td>20 min内完成15个，其中绑扎3个。操作规范、熟练</td><td>5～7</td><td></td></tr>
<tr><td>25 min内完成15个，其中绑扎3个。操作规范、熟练</td><td>1～4</td><td></td></tr>
<tr><td rowspan="2">2</td><td rowspan="2">接穗选择</td><td>接穗选择恰当，留芽准确</td><td>6～10</td><td></td></tr>
<tr><td>接穗选择恰当，留芽准确度差</td><td>1～5</td><td></td></tr>
</table>

续表 3-1

序号	评分要素	考核内容和标准	分值	得分	备注
3	削接穗	顶芽下方 0.5 cm 处削面长度 2～3 cm，削面平滑，切面一侧厚，另一侧薄、安全	12～15		整个操作中安全有问题此项零分
		削面平滑，长度适当，切面两侧厚薄不明显、安全	8～11		
		削面平滑，长度不适当，切面一侧厚、另一侧薄、安全	4～7		
		削面平滑，长度不适当，切面两侧厚薄不明显、安全	0～3		
4	砧木选择	砧木选择恰当，切口位置适当，粗度要比接穗粗	6～10		
		砧木选择恰当，切口位置不适当，粗度要比接穗粗	1～5		
5	削砧木	切口平滑、垂直、安全	11～15		
		切口平滑、垂直、安全度差	6～10		
		切口不平滑差、垂直、安全度差	1～5		
6	嫁接	操作规范、熟练，形成层对齐（最少 1 面）、留白、安全	18～20		
		操作规范、熟练度差，形成层对齐（最少 1 面）、留白、安全	15～17		
		操作规范、熟练，形成层对齐（最少 1 面）、没留白、安全	11～14		
		操作规范、不熟练，形成层对齐（最少 1 面）、没留白、安全	8～10		
		操作规范、熟练，形成层没对齐、没留白、安全	4～7		
		操作规范、不熟练，形成层没对齐、没留白，安全	1～3		
7	绑扎	操作规范、熟练	10		
8	整理	嫁接后收拾好地面和桌面的卫生	10		
		总分	100		

考核教师：

表 3-2　嵌芽接考核评分

序号	评分要素	考核内容和标准	分值	得分	备注
1	15～25 min内完成10个	5 min内完成10个，其中绑扎2个。操作规范、熟练	8～10		整个操作中安全有问题此项零分
		20 min内完成10个，其中绑扎2个。操作规范、熟练	5～7		
		25min内完成10个，其中绑扎2个。操作规范、熟练	1～4		
2	接穗选择	接穗选择一年生枝，留芽准确	6～10		
		接穗选择不恰当，或留芽准确度差	1～5		
3	削接穗	操作规范，芽片长约2 cm，带木质部	12～15		
		操作规范，芽片长度不适合，带木质部	8～11		
		操作规范，芽片长约2 cm，不带木质部	4～7		
		操作不规范，芽片长约2 cm，带木质部	0～3		
4	砧木选择	砧木选择恰当，且离地面10 cm处光滑处	6～10		
		砧木选择恰当，且离地面10 cm处不光滑处	1～5		
5	削砧木	操作规范，削面比芽片稍长一些，且削面光滑	11～15		
		操作规范，削面长度不适合，且削面光滑	6～10		
		操作不规范，削面比芽片稍长一些，且削面光滑度差	1～5		
6	嫁接	操作规范、熟练，形成层对齐(最少1面)、留白、安全	18～20		
		操作规范、熟练度差，形成层对齐(最少1面)、留白、安全	15～17		
		操作规范、熟练，形成层对齐(最少1面)、没留白、安全	11～14		
		操作规范、不熟练，形成层对齐(最少1面)、没留白、安全	8～10		
		操作规范、熟练，形成层没对齐、没留白、安全	4～7		
		操作规范、不熟练，形成层没对齐、没留白、安全			

续表 3-2

序号	评分要素	考核内容和标准	分值	得分	备注
7	绑扎	操作规范、熟练	10		
8	整理	嫁接后收拾好地面和桌面的卫生	10		
总分			100		

考核教师：

表 3-3 靠接考核评分

序号	评分要素	考核内容和标准	分值	得分	备注
1	嫁接数量	10 min 内完成 20 个。操作规范、熟练	70		整个操作中安全有问题此项零分
2	削砧木	切口平滑、下胚轴不劈开、深 1 cm、安全	20		
	削接穗	削面平滑、长度适当、安全			
	嫁接	接穗斜面与砧木斜面紧靠在一起，二者在一条直线上			
3	嫁接过程	秧苗轻拿轻放，不沾泥土。嫁接过程操作规范、熟练	8		
4	整理	嫁接后收拾好地面和桌面的卫生	2		
总分			100		

考核教师：

表 3-4 插接考核评分

序号	评分要素	考核内容和标准	分值	得分	备注
1	嫁接数量	10 min 内完成 20 个。操作规范、熟练	70		整个操作中安全有问题此项零分
2	削砧木	切口平滑、下胚轴不劈开、深 1 cm、安全	20		
	削接穗	削面平滑、长度适当、安全			
	嫁接	接穗斜面与砧木斜面紧靠在一起，二者在一条直线上			
3	嫁接过程	秧苗轻拿轻放，不沾泥土。嫁接过程操作规范、熟练	8		
4	整理	嫁接后收拾好地面和桌面的卫生	2		
总分			100		

考核教师：

任务三　黄瓜嫁接育苗技术

【任务准备】

①教师播放黄瓜嫁接视频，学生观看。

②学生结合视频整理、记录材料，并进行讨论。

【工作环节】

一、播种、育苗

播种前要对种子暴晒消毒 48～72 h，对苗床进行灭菌处理。种子干籽直播于装有育苗营养基质的育苗穴盘(插接)或平盘(断根插接)，播种后覆土，覆土后专用喷淋系统浇透水，在育苗床架或催芽室中育苗。一般插接法砧木较接穗早播 4～6 d，砧木 1 叶 1 心，接穗子叶展平时进行嫁接。在未配备催芽室的温室中，可直接在苗床上进行育苗，9 月份到次年 5 月份播种后要覆盖透明薄膜，起到保湿作用，一般出苗期可不必再浇水。7～8 月份温室内温度高于 30℃时，可在苗盘上覆遮光物，防止过热引起种子灼伤。

二、嫁接前准备工作

准备好刀片、嫁接夹、嫁接针等工具以及装有营养基质的 50 孔穴盘。嫁接一般在室内进行，温度控制在 20～25℃为宜，湿度最好达到 80%以上，光照为弱光，如天热光强，要遮阳降温。嫁接工具用 70%医用酒清消毒。嫁接前 1 d，用 72.2%普力克水剂 600～800 倍液加农用链霉素 400 万 IU 的混合液喷洒砧木和接穗，直到叶片滴水为止。

三、日光温室黄瓜嫁接操作方法

(一)插接法

先播砧木南瓜，后播黄瓜，黄瓜在南瓜出土时(即播后 4～6 d)播种。待南瓜苗下胚轴直径在 0.5～0.6 cm，黄瓜苗直径在 0.3～0.4 cm 时嫁接，即南瓜苗高 7～10 cm，长出真叶时，黄瓜苗子叶展平为宜。

先削去南瓜的生长点，用嫁接针或竹签，从南瓜苗一个子叶基部离生长点 2～3 mm 的主脉处插进，通过生长点斜 30°向下方插向另一个子叶的皮层处，不要插破表皮,孔长约 0.6 cm,同时切断接穗的根,留茎长度 1.2～1.6 cm,同时将黄瓜茎下方斜切 30°,切面大约长 0.6 cm,然后把削好的黄瓜顺嫁接针插入的位置插好,并稍稍用一点力,摇动时不掉为度(图 3-1)。用此法嫁接,一般可不用嫁接夹。接好后迅速将嫁接苗放入嫁接愈合室内进行培养。

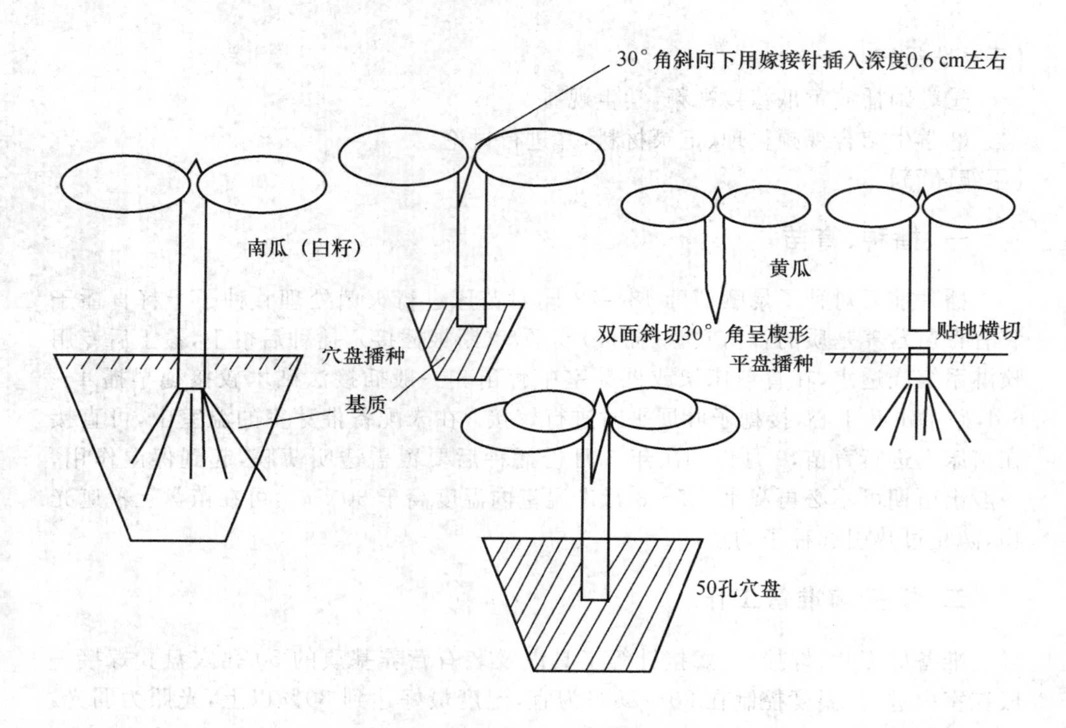

图 3-1　黄瓜穴盘育苗插接示意图

(二)断根嫁接方法

断根嫁接法是在插接法基础上的改良。嫁接时用刀片将砧木从茎基部断根,去掉砧木生长点,用竹签紧贴子叶叶柄中脉基部向另一子叶柄基部呈 45°左右方向斜插,竹签稍穿透砧木表皮,露出竹签尖,然后在接穗苗子叶基部垂直于子叶将胚轴切成楔形,切面长 0.5～0.8 cm,拔出竹签,将切好的接穗迅速准确地斜插入砧木切口内,尖端稍穿透砧木表皮,使接穗与砧木吻合,子叶交叉成“十”字形。嫁接后立即将断根嫁接苗插入 50 孔穴盘内进行保温育苗,如图 3-2 所示。接好后迅速将嫁接苗放入嫁接愈合室内进行培养。

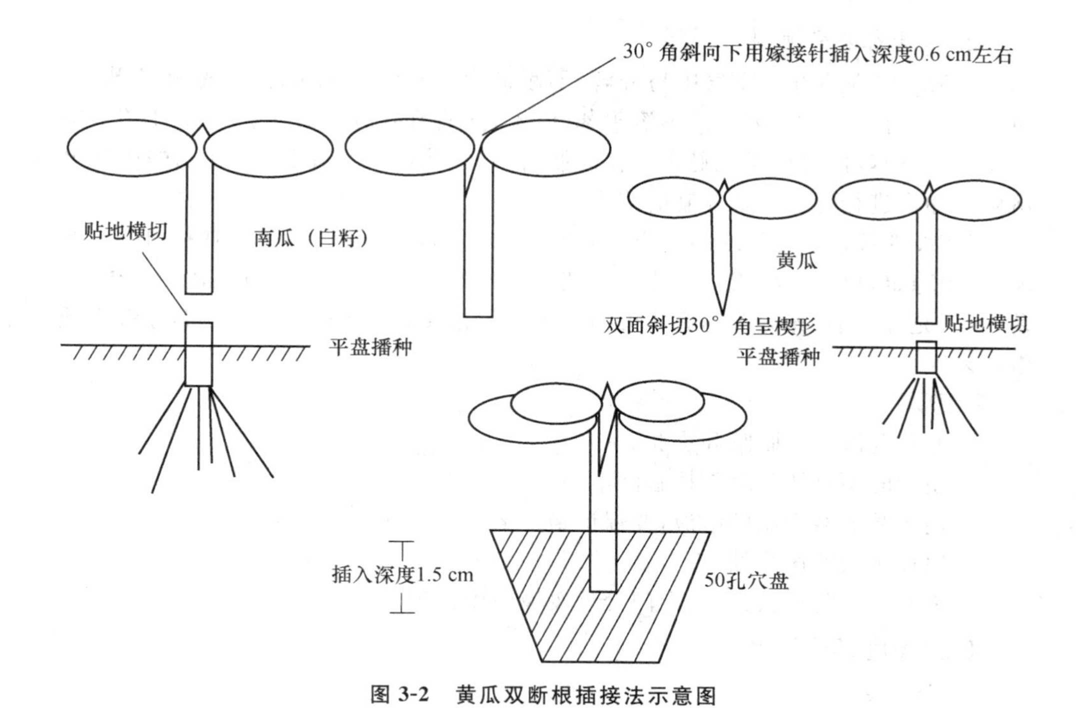

图 3-2　黄瓜双断根插接法示意图

四、嫁接黄瓜愈合管理调控手段

(一)激素的应用

1. 激素的作用

嫁接成活的过程是由愈伤激素的作用使砧穗断面形成层产生愈伤组织的细胞互相结合、分裂、分化，逐渐形成新的维管束，使导管和筛管沟通相连，互相协调运输养分，两者愈合为一个新的植株，嫁接成活。

嫁接伤口愈合的快慢直接影响秧苗的成活率、生长速度及后期质量，因此可以采用有效的激素促进嫁接苗伤口愈合。NAA、IAA、6-BA、6-KT 在 20～50 mg/L 下不仅提高嫁接成活率，而且明显促进嫁接苗的生长。其中萘乙酸（α-Naphthaleneacetic acid，NAA）是一种生长素类的植物生长调节剂，通过使细胞壁松弛、促进 RNA 和蛋白质等物质的合成而促进细胞的生长，研究表明，在 40 mg/L 时促进嫁接苗生长效果最为显著。在嫁接过程可对接穗直接蘸取适宜浓度激素，然后迅速插入砧木中进行嫁接。

2. 激素溶液的配制

NAA、IAA在光和空气中易分解，不耐储存。易溶于无水乙醇、醋酸乙酯、二氯乙烷，可溶于乙醚和丙酮。不溶于苯、甲苯、汽油及氯仿。不溶于水，其水溶液能被紫外光分解，但对可见光稳定。在配制溶液时，先将其溶于乙醇，在乙醇中充分溶解后加水进行稀释到要配制的浓度。

6-BA、6-KT为白色结晶粉末，易溶于稀酸稀碱，难溶于水、醇、醚和丙酮。在酸、碱中稳定，可用盐酸或氢氧化钠溶液进行溶解，在溶解过程中可以适当加热，震荡，利于充分溶解，充分溶解后才可稀释到指定浓度，否则未充分溶解部分将降低溶液浓度。

【注意事项】

①避免药液沾染眼睛和皮肤。

②使用时不可让除茎外接触激素。

③用弱酸弱碱配制的溶液，要保证最终溶液呈中性。

④储存于阴凉通风处。

⑤废液不要随意丢弃，在专门处理废液池中处理。

(二)设施环境的调控

1. 愈合设施

日光温室可在移动苗床上直接进行嫁接后的愈合管理，无需设置专门的嫁接愈合室，不仅降低建造成本而且减少了进、出愈合室等程序管理的劳动成本，是工厂化嫁接育苗的重大突破。

育苗床床架上增铺无纺布，同时必须在无纺布下增设塑料薄膜，无纺布厚度可根据季节特点不同而选择材料，夏季一般用较薄的，冬季为利于保温可适当增加无纺布厚度或铺设层数。在苗床框架的长边正上方设置高于苗床15～20 cm的铁丝绳，与苗床长边平行，用于支撑覆盖物。嫁接前在无纺布上浇透水，嫁接好的黄瓜苗直接放在苗床上，迅速用黑色地膜覆盖，夏季光照较强时，薄膜外也可增覆无纺布避免光照强度过大，同时要注重结合外遮阳的使用。

2. 温度管理

嫁接愈合过程中需要消耗物质和能量，提高温度有利于这一过程的顺利进行。嫁接后3 d内，保持白天温度25～28℃，夜间温度18～20℃。主要通过地热线增温来实现；在夏季育苗，温室内的温度高时，可采用遮阳网、水帘、放风口、风机等降温处理。温度环境的调控技术如下。

(1)保温、增温　冬春季温度环境的调控主要是保温、增温。冬春茬北方日光温室嫁接苗生产的气温和地温主要来源于白天射入室内的太阳光积蓄的热量。但到夜间，温室内的热量又通过各种渠道向外散失，使室温下降。为保证室内的温度，可分别从保温和增温两个方向调控。

①保温。设计合理的、保温措施得力的日光温室，正常情况下室内的最低温度在10℃以上，其室内1月份的平均温度应达到可以随时定植喜温果菜的温度水平，在外界气温−20℃左右的情况下，室内外温差可达30℃左右。

a. 墙体要达到一定的厚度。北纬40°以北地区，墙体采用“苯板＋砖”结构的，其厚度可为“内24 cm厚砖墙＋中12 cm厚苯板(内外两层错缝放置)＋外12 cm厚砖墙”;采用石头或砖作为墙体结构的，其厚度可为“50 cm厚墙体＋当地最大冻土层厚度的培土”。

b. 保证后坡的厚度和长度。以苯板作为后坡材料的厚度为14 cm(上下两层错缝放置),以秸秆作为后坡材料的厚度不低于40 cm。此外，后坡水平投影约1.4 m，过短不利于保温。

c. 温室前底脚要设置防寒沟。为防止外界的低地温横向传导到室内，可于温室前底脚基础处向外挖深50 cm、宽40 cm的防寒沟，防寒沟的周围衬上旧塑料薄膜，内装干燥的碎草,封严压实，防止漏水。

d. 加强外覆盖。节能日光温室采光面是散热的主要部位,所以其上不透明覆盖物的保温能力对日光温室的保温起着非常重要的作用。目前生产上使用的外覆盖物主要是草帘,有条件的温室可以采用棉被覆盖。外覆盖物的揭盖时间既影响日光温室的采光时间,同时也影响日光温室的温度。早上揭帘时间过早,外界气温低,且光照较弱,会造成室内气温下降过大;早上揭帘时间过晚,又造成日光温室内作物见光时间缩短,同时温室升温推迟。晚上放帘时间过早,日光温室内作物见光时间缩短;晚上放帘时间过晚,则温室降温起点温度偏低。一般情况,早上拉帘时间以拉起后气温降低1～2℃后再回升较适宜,若降温2℃以上,则说明拉帘过早;傍晚放帘时间以放帘后的气温回升1～2℃较为适宜,若回升2℃以上,则说明放帘过早,若放帘后不升温而直接降温,则说明放帘过晚。要及时掀、放棉被,配备较好的保温棉被及自动卷帘系统,在早春及秋冬季,太阳照到温室0.5 h后即可掀开棉被,以掀开棉被温度下降1～2℃,在0.5 h内温度又能回升为掀开最佳时间,在温室内温度低于18℃时放下棉被,在短时期内温室温度会下降,然后缓慢回升后,整个夜晚持续下降。

②加温。冬季蔬菜生产常常遭遇强寒流的侵袭和连续阴雨低温天气，采用临时加温措施可有效预防和降低灾害性天气带来的损失。

a. 中央锅炉加热系统,可以是蒸汽加热,也可以是热水加热。蒸汽加温系统的优点是锅炉小、无需循环泵、无需修理水管,但蒸汽的热量消散快、对锅炉不间断运行的依赖大。热水加热系统使用加热到82℃或95℃的热水，并加压后送到温室，因此其热容较大，热水加温系统的空气温度更稳定，系统中容纳的大量热水，包含有很多的热量，在遇到锅炉故障的情况下，几个小时内温室不会出现冻害。

b. 大规模育苗温室加热常用的方法是将热水管或翅片管布置在苗床下加热。这种方式提供了一种较好的根系加热系统，非常有利于嫁接苗的愈合及生长，而且不会将热量浪费到作物栽培区上部的空气中。

c. 苗床下铺设地热线，在电源和地热线间安装控温仪，设定所需温度，有效控制温度在所需范围内。

d. 在后墙张挂反光幕来增强光照，可使温室内北半部的光照强度增加40%以上，还可使栽培区的地温、气温提高2℃左右。

(2)降温　夏季日光温室白天一般会超过30℃，必须采取措施降低温度。

①适当加大日光温室前后的通风量，并在通风口处安装25目的防虫网，当室温高于35℃时，在加大通风量的同时，间隔覆盖遮光率为40%的遮阳网。延长风口开放时间，夏季不遇特殊天气，可昼夜通风。

②温室内水车喷水雾，可在0.5 h内降低温室内温度3～5℃。

③遮阳网，遮光的措施一般也具有降温或减缓升温的作用。在夏季可使用双层遮阳网，达到较好效果。

3. 湿度管理

嫁接后将苗床浇透水，创造一个高湿环境，要用黑色薄膜覆盖，保持空气相对湿度宜在95%以上。

(1)增湿

①夏季湿度低，无纺布要浇水，即使是浇到无纺布上的水，也要保证水温与空气温度相差不大，一般要用蓄水池蓄水，专门输水管道，方便及时补充水分。

②可以利用水车在温室内洒水，增加温室内湿度。

(2)降湿

①通风换气。通风换气是降湿的好办法。通风必须在高温时进行，否则会引起室内温度下降。如果通风时温度下降过快，要及时关闭通风口，防止温度骤然下降使种苗遭受危害。注意不能在棚内形成过堂风，否则会造成生理性病害的发生。

②升温。用升温来降湿，棚内温度每升高1℃就能降低相对湿度2%～3%。采用这种方法既可满足种苗对温度的需要，又可降低空气相对湿度。当嫁接苗长到具有抵抗力时，浇水闭棚升温达30℃左右持续1 h，再通风排湿。3 ～ 4 h后棚温低于25℃时可重复1次。

4. 光照管理

嫁接后 3 d 内，主要通过黑色地膜遮光，外遮阳采用遮阳网等遮光，避免阳光直射，第 4 天起撤掉黑色地膜，逐渐增加透光量，但外遮阳必须保持。7 d 后只在中午遮光，10 d 后彻底撤除外遮光物。

(1)遮光

①11 月份到次年 4 月份，嫁接 3 d 内，遇阳光充足的中午，可适当放下棉被，起到较好的遮光作用。

②5～10 月份，嫁接 3 d 内，晴天 9:00—16:00 必须使用外遮阳网，夏季光照强时，要选用密度大、遮光效果好的双层遮阳网。

③嫁接 3 d 后，要逐渐增加透光量，因此要采取措施遮挡阳光，以防止种苗突然接受阳光发生日灼等生理性病害，透光量必须先保证其正常的生理活动。可采用放花苫、适宜遮光率的遮阳网等遮光。

(2)透光

①提前选用无滴消雾效果优良的长寿薄膜。嫁接 3 d 后要保证一定的透光量，满足其生理需求，遇阴雨天气光照受到限制，因此若使用了劣质薄膜，不但造成室内雾滴成片、使弱光更弱，而且导致室温更低、湿度更高，恶化种苗生长的环境条件。

②合理揭盖棉被。在保证蔬菜生长所需要的适宜温度的前提下，适当早揭和晚盖棉被，可延长光照时间，增加光量。一般太阳出来后 0.5 ～1 h 揭帘、太阳落山前 0.5 h 盖帘比较适宜。特别是在时阴时晴的阴雨天里，也要适当揭帘，以充分利用太阳的散射光。提倡使用自动卷帘机。

③张挂反光幕。用宽 2 m 的镀铝膜反光幕，挂在大棚北侧的墙体上，可增强棚内的光照。

④补光技术。在连续阴雨雪天气时，嫁接后种苗不能进行正常光合作用，影响生长，可以用白炽灯、荧光灯、生物效应灯等进行人工补光。

5. 通风换气

嫁接后第 4 天可揭开黑色薄膜换气 1～2 次，5 d 后嫁接苗新叶开始生长，应增加通风量，7～8 d 后基本成活，开始正常管理。

①保证嫁接苗生长在良好的环境，必须首先保证整个温室的空气质量，要适时进行通风换气。一般晴天时，在不影响温度的情况下，应尽量早揭晚盖；阴天，尤其是连阴天，必须进行适当的通风。进入严寒期，要把顶风改为通风筒放风，而且在薄膜表面结霜时，应等到阳光满晒温室，室温上升到 28℃左右时，开始放风，通风量由小到大，室温降到 25℃时逐渐关闭通风口，降至 20℃时全部关闭。

②愈合小环境内的通风换气。在保证整个温室空气质量良好的情况下，嫁接4 d后要早晚揭开薄膜换气1～2次，此时要关闭温室外通风系统，在换气后可再次开启外放风系统，以后逐日增加通风量，直到成活。

③成活后遇到大风天气，要及时关闭外风口，以免刚成活的种苗生长受到影响。

6. 嫁接成活后的管理

10～12 d嫁接成活后进入正常管理，地温20℃左右，白天气温25～30℃，夜间气温16～18℃。此时为防止徒长应适当降低夜温。

7. 调控矛盾的协调

一项调控措施的实施，可能会造成多个因素之间的矛盾，比较典型的就是放风排湿的同时会降温。这个时候我们要抓主要矛盾，什么最急于解决我们就先解决什么。

8. 病虫害防治

棚室相对封闭，为病虫害的防治创造了一定的好条件。我们可以利用其封闭的特点，释放烟雾剂、高温闷棚、设置防虫网、张挂色板等，进行小环境内的处理。

总之，环境因子之间互相影响，一个因子的变化会引起其他因子的变化，在节能日光温室生产中既要注重各环境因子的综合效应，又要抓住影响种苗生长的主导因子或限制因子，科学合理地进行调控。

【注意事项】

1. 选择材料

选择合适的砧木，不同砧木的耐旱、耐寒、抗病性等有很大差异，可以根据栽培目的和方式选用相应的砧木。所用刀片要锋利。要使用新刀片，可以掰成两半使用，每片最多可以切割150株左右。发现刀片发钝时就要淘汰，以免切口不整齐影响愈合。

2. 选择适宜的方法

蔬菜嫁接方法有断根嫁接、插接、贴接、靠接等。大量试验表明，插接法和断根嫁接法显著提高秧苗质量，是工厂化育苗嫁接推荐方法。

3. 确定播种时间

砧木及接穗的播种时间要根据两者的生长特性及采用的嫁接方法而定。如黄瓜与白籽南瓜采用断根嫁接时，白籽南瓜应比黄瓜提早3～5 d播种。

4. 浇水水温

种子出芽期对外界环境敏感，注意温度变化，浇水时要保证水温与环境温度差不多，尤其是要出芽的，很容易遇到低温水腐烂掉。

5. 控制浇水量

嫁接时砧木既要健壮又要达到一定高度，因此要控制好浇水量，不可使种苗徒长也不可过分蹲苗。

6. 清除病苗

病苗带菌，通过嫁接作业可以传给很多苗子。因此，开始嫁接前就要严格挑出病苗和疑似病苗。

7. 掌握嫁接时期

南瓜的生长时间长短要合适。嫁接用的南瓜苗茎部要充实，一般生长时间不应超过 14 d，如果生长期过长，则茎部出现中空，影响嫁接质量。

8. 插接部位

最好的插接部位是在南瓜 2 片子叶的中间，这样黄瓜和南瓜的切口面积接触大，有利于嫁接苗的成活。黄瓜的切口部位要短一些，一般在生长点下 0.5 cm 处即可，这样嫁接后黄瓜不易倒伏，便于管理。

9. 节约成本

在南瓜子叶中间进行插接的，可以不用夹子固定，以利节约成本和节约人工。

10. 防止黄瓜生根

嫁接时，要及时将嫁接苗栽在穴盘内，覆土不要离切口很近，如果覆土距离切口太近，由于愈合环境内湿度过高，极易引起切口腐烂。另外，黄瓜生长中出现的须根会直接扎入基质，利用自生根生长，失去嫁接意义。

11. 控制激素浓度

使用激素时不可浓度过高，激素浓度过高，不但不能起到促进种苗生长的作用，反而可能会对种苗产生不良影响，所以要严格控制激素浓度。

【问题处理】

1. 嫁接作业场所

嫁接作业适宜的环境要不受阳光直射，少与外界气体接触，气温在 20～24℃，空气相对湿度 80%以上。若当地空气湿度较低可在嫁接前向温室内喷水，增加空气湿度。可以用覆盖外遮阳网的方法遮挡直射阳光。

2. 工具不清洁

进行嫁接操作的人员手和所用刀具，要在作业过程中多次用酒精或高锰酸钾溶液进行消毒。但消毒后的刀片必须完全干后才能再用。可多准备几个刀片，轮换使用。操作人员的衣帽也应该保持清洁。

3. 病原菌直接感染接穗

嫁接后会阻止病原菌从根部和根颈部侵入，但不能忽视接口或接穗部分直接侵入，所以嫁接育苗还需要防止病原菌直接侵染接穗部分。一是嫁接时和嫁接后都要保持接口部分的清洁，不要沾染基质或水滴。二是砧木插入基质时，不要使接口接近或埋入基质中，这样做还可避免接穗发出新根。

4. 接穗萎蔫

嫁接苗栽到穴盘后，及时覆盖黑色塑料地膜和遮阳网或无纺布，保持秧苗在黑暗的环境中 3 d 左右，同时要严格保证小环境内的湿度条件，如果苗床内湿度合适，可以不喷水。但因湿度小，叶片出现萎蔫时，要及时喷水，水量要小，喷水可用喷雾器喷水，喷头向上（向空中）进行喷雾或及时向无纺布上补充水分，避免直接将水喷入切口，引起腐烂。

5. 嫁接苗徒长

一般遮阳 3 d 后，可逐渐去掉黑色地膜或其他遮阳物，但要循序渐进，由小到大，刚去掉时，如遇强光一定要再进行覆盖遮阳。同时注意适时通风，防止秧苗徒长。

6. 湿度和药害

阴雨天湿度过大，嫁接苗伤口容易腐烂。可在雨季来临前喷洒抑菌剂，同时注意用药浓度，不可使幼苗受到药害。

【知识链接】

黄瓜的生物学特性和生长习性

一、黄瓜的生物学特性

（一）根

黄瓜的根由主根、侧根、须根、不定根组成。黄瓜属于浅根系，通常主根向地伸长，可延伸到 1 m 深的土层中，但主要集中在 30 cm 的土层。主根上分生的侧根向四周水平伸展，伸展的宽度可达 2 m 左右，但主要集中于半径 30～40 cm 的范围内，深度为 6～10 cm，黄瓜的上胚轴培土之后可分生不定根。

黄瓜根系好气性较强，抗旱力、吸肥力都比较弱，故在栽培中要求定植要浅，土壤要求肥沃疏松，并保持土壤湿润，干旱时注意灌水。

黄瓜根系的形成层（维管束鞘）易老化，并且发生的早而快。所以幼苗期不宜过长，10 d 的苗龄，不带土也可成活，30～50 d 的苗龄带土坨、纸袋不伤根，也能成活，如根系老化后或断根，很难生出新根。所以在育苗时，苗龄不宜过长。定植时，要防止根系老化和断根，保全根系。

（二）茎

茎蔓生，中空，4 棱或 5 棱，生有刚毛。5～6 节后开始伸长，不能直立生长。第 3 片真叶展开后，每一叶腋均产生卷须。茎的长度取决于类型、品种和栽培条件。早熟的春黄瓜茎较短，一般茎长 1.5～3 m；中、晚熟的半夏黄瓜和秋黄瓜茎较长，可长达 5 m 以上。茎的粗细、颜色的深浅和刚毛的强度是植株长势强弱和产量高低的标准之一。茎蔓细弱、刚毛不发达，很难获得高产；茎蔓过分粗壮，属于营养过旺，会影响结果。一般茎粗 0.6～1.2 cm，节间长 5～9 cm 为宜。

（三）叶

黄瓜的叶分为子叶和真叶。子叶储藏和制造的养分是秧苗早期主要的营养来源。子叶大小、形状、颜色与环境条件有直接关系。在发芽期可以用叶来诊断苗床的温、光、水、气、肥等条件是否适宜。真叶为单叶互生，呈 5 角形，长有刺毛，叶缘有缺刻，叶面积较大，一般 200～500 cm^2。

黄瓜之所以不抗旱，不仅因为根浅，而且也和叶面积大，蒸腾系数高有密切关系。就一片叶而言，未展开时呼吸作用旺盛，光合成酶的活性弱。从叶片展开起净同化率逐渐增加，展开约 10 d 后发展到叶面积最大的壮龄叶，净同化率最高，呼吸作用最低。壮龄叶是光合作用的中心叶，应格外用心加以保护。叶片达到壮龄以后净同化率逐渐减少，直到光合作用制造的养分不够呼吸消耗，失去了存在的价值，应及时摘除，以减轻壮龄叶的负担。叶的形状、大小、厚薄、颜色、缺刻深浅、刺毛强度和叶柄长短，因品种和环境条件的差异而不同。可以用叶的形态表现来诊断植株所处的环境条件是否适宜来指导生产。

（四）花

黄瓜基本上是雌雄同株异花，偶尔也出现两性花。黄瓜为虫媒花，依靠昆虫传粉受精，品种间自然杂交率高达 53％～76％。因此在留种时，不同品种之间应自然隔离 4～5 km。花萼绿色有刺毛，花冠为黄色，花萼与花冠均为钟状、5 裂。雌花为合生雌蕊，在子房下位，一般有 3 个心室，也有 4～5 个心室，侧膜胎座，花柱短，柱头 3 裂。黄瓜花着生于叶腋，一般雄花比雌花出现早。雌花着生节位的高低，即出现早晚，是鉴别成熟性的一个重要标志。不同品种有差异，与外界条件也有密切关系。

（五）果实

黄瓜的果实为假果，是子房下陷于花托之中，由子房与花托合并形成的。果实平滑或有棱、瘤、刺。果形为筒形至长棒状。黄瓜的食用产品器官是嫩瓜，通常开花后 8～18 d 达到商品成熟，时间长短由环境条件决定。黄瓜可以不经过授粉受精而结果，称为单性结实，但授粉能提高结实率和促进果实发育。所以在阴雨季节和保护地栽培时，人工授粉可以提高产量。

(六)种子

黄瓜种子为长椭圆形、扁平、黄白色。一般每个果实有种子100～300粒，种子千粒重16～42 g。种子寿命2～5年。生产上采用1～2年的种子。

二、黄瓜的生长习性

(一)温度

黄瓜是典型的喜温植物，生育适温为10～32℃。白天适温较高，为25～32℃，夜间适温较低，为15～18℃。光合作用适温为25～32℃。黄瓜所处的环境不同，生育适温也不同。据有关资料介绍，光照强度在1万～5.5万lx，每增加3 000 lx，生育适温提高1℃。另外，高空气湿度和高二氧化碳条件下生育适温也会提高。所以生产上要根据不同环境条件采用不同温度管理指标。光照弱应采用低温管理。增施二氧化碳应采用高温管理。由播种到果实成熟需要的积温为800～1 000℃。

一般情况下，温度达到32℃以上则黄瓜呼吸量增加，而净同化率下降；35℃左右同化产量与呼吸消耗处于平衡状态；35℃以上呼吸作用消耗高于光合产量；40℃以上光合作用急剧衰退，代谢机能受阻；45℃下3 h叶色变淡，雄花落蕾或不能开花，花粉发芽力低下，导致畸形果发生；50℃下1 h呼吸完全停止。在棚室栽培条件下，由于有机肥施用量大，二氧化碳浓度高，湿度大，黄瓜耐热能力有所提高。黄瓜制造养分的适温为25～32℃。

黄瓜正常生长发育的最低温度是10～12℃。在10℃以下时，光合作用、呼吸作用、光合产物的运转及受精等生理活动都会受到影响，甚至停止。

黄瓜植株组织柔嫩，一般－2～0℃为冻死温度。但是黄瓜对低温的适应能力常因降温缓急和低温锻炼程度而大不相同。未经低温锻炼的植株，5～10℃就会遭受寒害，2～3℃就会冻死；经过低温锻炼的植株，不但能忍耐3℃的低温，甚至遇到短时间的0℃低温也不致冻死。

黄瓜对地温要求比较严格。黄瓜的最低发芽温度为12.7℃，最适发芽温度为28～32℃，35℃以上发芽率显著降低。黄瓜根的伸长温度最低为8℃，最适宜为32℃，最高为38℃；黄瓜根毛的发生最低温度为12～14℃，最高为38℃。生育期间黄瓜的最适宜地温为20～25℃，最低为15℃左右。

黄瓜生育期间要求一定的昼夜温差。因为黄瓜白天进行光合作用，夜间呼吸消耗，白天温度高有利于光合作用，夜间温度低可减少呼吸消耗，适宜的昼夜温差能使黄瓜最大限度地积累营养物质。一般白天25～30℃，夜间13～15℃，昼夜温差10～15℃较为适宜。黄瓜植株同化物质的运输在夜温16～20℃时较快，15℃以下停滞。但在10～20℃范围内，温度越低，呼吸消耗越少。所以昼温和夜温固定不变是不合理的。在生产上实行变温管理时，生育前期和阴天，宜掌握下限温度管理指标；生育后期和晴天，宜掌握上限管理指标。这样既有利于促进黄瓜的光合作用，抑制呼吸消耗，又能延长产量高峰期和采收期，从而实现优质高产高效益。

（二）光照

黄瓜对日照长短的要求因生态环境不同而有差异。一般华南型品种对短日照较为敏感，而华北型品种对日照的长短要求不严格，已成为日照中性植物，但8～11 h的短日照能促进性器官的分化和形成。

黄瓜的光饱和度为5.5万 lx，光补偿点为1 500 lx。黄瓜在果菜类中属于比较耐弱光的蔬菜，所以在保护地生产，只要满足了温度条件，冬季仍可进行。但是冬季日照时间短，光照弱，黄瓜生育比较缓慢，产量低。炎热夏季光照较强，对生育也是不利的。在生产上夏季设置遮阳网，冬春季覆盖无滴膜和张挂反光幕，都是为了调节光照，促进黄瓜生长发育。黄瓜的同化量有明显的日差异。每日清晨至中午较高，占全日同化总量的60%～70%；下午较低，只占全日同化总量的30%～40%。因此在日光温室生长黄瓜时应适当早揭苫。

（三）湿度

黄瓜根系浅，叶面积大，对空气湿度和土壤水分要求比较严格。黄瓜的适宜土壤湿度为土壤持水量的60%～90%，苗期为60%～70%，成株为80%～90%。黄瓜的适宜空气相对湿度为60%～90%。理想的空气湿度应该是苗期低，成株高；夜间低，白天高。低到60%～70%，高到80%～90%。

黄瓜喜湿怕旱又怕涝，所以必须经常浇水才能保证黄瓜正常结果和取得高产。但一次浇水过多又会造成土壤板结和积水，影响土壤的透气性，反而不利于植株的生长。特别是早春、深秋和隆冬季节，土壤温度低、湿度大时极易发生寒根、沤根和猝倒病。故在黄瓜生产上浇水是一项技术要求比较严格的管理措施。

黄瓜对空气相对湿度的适应能力比较强，可以忍受95%～100%的空气相对湿度。但是空气相对湿度大很容易发生病害，造成减产。所以阴雨天以及刚浇水后，棚室空气湿度大，应注意放风排湿。在生产上采用膜下暗灌等措施使土壤水分比较充足，湿度较适宜，使空气相对湿度低，黄瓜也能正常生育，且很少发生病害。

黄瓜在不同生育阶段对水分的要求不同。幼苗期水分不宜过多，水多容易发生徒长，但也不宜过分控制，否则宜形成老化苗。初花期对水分要控制，防止地上部徒长，促进根系发育，建立具有生产能力的同化体系，为结果期打好基础。结果期营养生长和生殖生长同步进行，叶面积逐渐扩大，叶片数不断增加，果实发育快，对水分要求多，必须供给充足的水分才能获得高产。

（四）土壤

栽培黄瓜宜选富含有机质的肥沃土壤。这种土壤能平衡黄瓜根系喜湿而不耐涝，喜肥而不耐肥等矛盾，黏土发根不良；沙土发根较旺，但易老化。

黄瓜喜欢中性偏酸性的土壤，在土壤 pH 5.5～7.2 的范围内都能正常生长发育，但以 pH 6.5 为最适。pH 过高易烧根死苗，发生盐害；pH 过低易发生多种生理障碍，黄化枯萎，pH 4.3 以下黄瓜不能生长。

（五）肥料

黄瓜吸收土壤中营养物质的量为中等，一般每生产 1 000 kg 果实需吸收氮 2.8 kg，五氧化二磷 0.9 kg，氧化钾 9.9 kg，氧化钙 3.1 kg，氧化镁 0.7 kg。对五大营养要素的吸收以氧化钾为最多，氧化钙其次，再次是氮，五氧化二磷和氧化镁较少。

黄瓜播种后 20～40 d，也就是育苗期间，磷的效果特别显著，此时绝不可忽视磷肥的施用。氮、磷、钾各元素的 50%～60%在采收盛期吸收，其中茎叶和果实中三元素的含量各占 1/2。一般从定植至定植后 30 d，黄瓜吸收营养较缓慢，而且吸收量也少。直到采收盛期，对养分的吸收量才呈增长的趋势。采收后期氮、钾、钙的吸收量仍呈增加的趋势，而磷和镁与采收盛期相比都基本上没有变化。生产上应在播种时施用少量磷肥作为种肥，苗期喷洒磷酸二氢钾，定植 30 d 前后（即根瓜采收前后）开始追肥，并逐渐加大追肥量和增加追肥次数。

由于黄瓜植株生长快，短期内生产大量果实，而且茎叶生长与结瓜同时进行，这必然要耗掉土壤中大量的营养元素，因此需肥比其他蔬菜要大些。如果营养不足，就会影响黄瓜的生育。但黄瓜根系吸收养分的范围小，能力差，忍受土壤溶液的浓度较小，所以黄瓜施肥应以有机肥为主，只有在大量施用有机肥的基础上提高土壤的缓冲能力，才能施用较多的速效化肥。施用化肥要配合浇水进行，以少量多次为原则。

（六）气体

大气中氧的平均含量为 20.79%。土壤空气中氧的含量因土质、施有机肥多少，含水量大小而不同。浅层含氧量多。黄瓜适宜的土壤空气中氧含量为 15%～20%，低于 2%生长发育将受到影响。黄瓜根系的生长发育和吸收功能与土壤空气中氧的含量密切相关。生产上增施有机肥、中耕都是增加土壤空气氧含量的有效措施。

二氧化碳的含量和氧相反，浅层土壤比深层中少。在常规的温度、湿度和光照条件下，在空气中二氧化碳含量为0.005%～0.1%，黄瓜的光合强度随二氧化碳浓度的升高而增高。也就是说在一般情况下，黄瓜的二氧化碳饱和点浓度为0.1%，超出此浓度则可能导致生育失调，甚至中毒。黄瓜的二氧化碳补偿点浓度是0.005%，长期低于此限可能因饥饿而死亡。但在光照强度、温度、湿度较高的情况下，光合作用的二氧化碳饱和点浓度还可以提高。空气中二氧化碳的浓度约为0.039 6%。露地生产由于空气不断流动，二氧化碳可以源源不断地补充到黄瓜叶片周围，能保证光合作用的顺利进行。保护地栽培，特别是日光温室冬春茬黄瓜生产，严冬季节很少放风，室内二氧化碳不能像露地那样随时得到补充，必将影响光合作用。生产上可以通过增施有机肥和人工施放二氧化碳的方法得以补充。

三、黄瓜的花芽分化

(一)花芽分化的特点

黄瓜和其他果菜类相同，花芽在幼苗期分化。一般早熟种子叶展平时，已开始花芽分化，在叶芽内则分化出花原基，生长点只分化叶芽，与番茄、茄子由生长点分化花芽不同。黄瓜花芽分化经过无性、两性和单性3个时期。分化初期为无性时期，出现雌蕊为两性时期，最后向一方向发展形成单性花为单性时期。花芽性别的决定，除与品种遗传性有关外，主要取决于外界环境条件，利于雌性分化时，雄蕊发育停止，雌蕊发育形成雌花，反之则形成雄花。若环境条件在雌性分化或雄性分化途中偶然改变，或环境条件对雌雄性的分化偶尔都适合时，则会形成两性花。低温短日照利于雌花形成，不仅雌花数目增多，而且着生节位降低，所以冷季育苗的早熟栽培有利于雌花形成。

早熟黄瓜品种发芽后12 d，第1片真叶展开时，主枝已分化出第7节，第3～4节开始花芽分化。发芽后40 d，具有6片真叶时，已分化出第30节，第24节开始分化出花芽，已有10～14个雌花花芽。

(二)雌花形成的环境条件

雌花的形成与下列环境条件关系很大。

(1)温度、光照　黄瓜主蔓15节以上的雌花数目，以日温25℃左右，夜温13～16℃最宜，短日照，低夜温，雌花形成早而多。昼夜高温(30℃)，无论长日照(12 h以上)或短日照(6～8 h)，均不形成或很少形成雌花；昼夜低温，日照长时雌花少，日照短可相对增加；昼温低、夜温高，无论日照长短，雌花基本不形成；昼夜温度过低，也很少形成雌花。地温以18～20℃为宜。所以苗期温度管理最好采用变温法。

(2)水分、营养　土壤湿润有利于形成雌花,而干旱利于形成雄花。土壤相对湿度在47%时雄花多,在80%时雌花增多1倍以上。苗床土肥沃,氮、磷、钾配合适当,多施磷肥可降低雌花节位,多形成雌花;而钾能促进形成雄花,不能多施,应适量。

(3)气体　在苗期增加二氧化碳含量,光合作用增强,养分积累增多,有利于雌花形成。增加二氧化碳的方法有2个:一是在营养土中增施有机肥料,二是在有保护设施条件下增二氧化碳气肥。

(4)激素　有几种激素对黄瓜的性型有影响,如乙烯利、素乙酸、2,4-D、吲哚乙酸、矮壮素等,都有促进雌花分化的作用。乙烯利在生产上较为多用。在育苗条件不利于雌花形成时,用乙烯利处理效果明显,但是乙烯利有抑制生长的作用,使用时应慎重。冬春茬育苗时,因昼夜温差大,日照较短,对雌花形成有利,一般不需用乙烯利处理;秋黄瓜育苗时,因温度高,日照长,昼夜温差小,进行乙烯利处理是必要的。

任务四　茄子嫁接育苗技术

【任务准备】

①了解适合当地的品种和砧木。

②掌握播种及嫁接方法。

【工作环节】

一、品种选择

砧木与接穗在嫁接亲和力上品种间表现差异不大。目前推出的砧木优良品种主要是从野生茄子中筛选出来的高抗或免疫品种,有圣托斯、托鲁巴姆、平茄、刺茄等。在具体选用砧木品种时,应根据当地具体情况、病害种类、发病程度选择适宜的砧木。接穗的选择应考虑耐低温弱光、抗病丰产、商品性好,适合当地主栽、市场受欢迎的优良茄子品种。

二、播种

1. 种子消毒及催芽处理

(1)砧木种子处理　以托鲁巴姆和刺茄为例,托鲁巴姆砧木对枯萎病、黄萎病、青枯病、根结线虫病4种土传病害达到高抗或免疫的程度。种子不易发芽,需催芽。浸种时用100～200 mg/kg赤霉素浸泡24 h，再用清水浸泡24 h洗干净，然后装入布袋内放入恒温箱中进行变温催芽处理，应注意保温、保湿。一般4～5 d可出芽，种子露白后即可播种。刺茄高抗黄萎病，是目前北方普遍使用的砧木品种，种子易发芽，浸泡24 h后，约10 d可全部发芽。刺茄较耐低温，适合秋冬季温室嫁接栽培，苗期遇高温、高湿易徒长，需控水蹲苗，使其粗壮。

(2)茄子种子处理 一般采用温汤浸种。用50～60℃水浸泡种子15 min左右，再用0.3%的高锰酸钾浸泡30 min，然后用30℃的温水浸种8～10 h，将种子捞到清水中反复搓洗，洗掉种子表面的黏液，将种子放在湿纱布中，置于28～30℃条件下催芽，5～7 d即可出芽(胚根)。

2. 错期播种

先播砧木，后播茄子，采用错期播种，错期间隔时间的长短，依据砧木的生长速度和播种时室内温度决定。托鲁巴姆种子如催芽播种需比接穗提前20～25 d，浸种直播应提前30～35 d。用刺茄作为砧木需比接穗早播5～20 d。播种前要对砧木和接穗用的基质和育苗盘进行消毒。基质装盘后将催好芽的砧木和接穗种子均匀地播在育苗盘内，浇透水，盖上蛭石，再覆盖薄膜保温、保湿。

3. 播后管理

接穗及砧木在出齐苗前均采用高温催苗措施，白天保持28～30℃，夜间18～23℃，当出苗20%～30%时撤掉地膜，出齐苗后应适当降温3～5℃。当砧木苗长到2叶1心时移栽到50孔穴盘或8 cm×8 cm的营养钵中。接穗苗长到2叶1心时移栽到72孔穴盘中。嫁接前5～7 d，对砧木苗和接穗苗采取控水促壮措施，以提高嫁接成活率。嫁接前1 d，给砧木、接穗浇透水。

三、嫁接技术

当砧木达5～7片真叶(40～60 d)，接穗(茄子)4～6片真叶(30 d)，茎粗3～5 mm，株高15～20 cm，茎呈半木质化时为最佳嫁接时期。嫁接前搭塑料小拱棚，备好遮阳覆盖物、草帘等；嫁接工具有刀片和嫁接夹、塑料条等。嫁接时要选择晴天遮阳条件下进行。常用的嫁接方法有劈接法和靠接法。

1. 劈接法

此法操作方便，成活率高，是茄子嫁接最常用的方法。具体操作方法：砧木留2片真叶，从第2片真叶之上、离地面3～5 cm处上部平削去头，然后用刀片在茎的中间垂直切一刀口，深度约1 cm。取出大小与砧木一致的接穗苗，从半木质化处(即苗茎黑紫色与绿色明显相间处)去掉下端，接穗留2叶，将穗削成楔形，楔形大小与砧木削口相当，快速将接穗插入砧木削口内，并用嫁接夹夹好。

2. 靠接法

在砧木和接穗都长到2～3片叶时进行靠接。具体操作方法：选择大小相近的砧木和接穗，都在第1片真叶下1 cm处接穗斜向上切，砧木斜向下切，切口长0.4～0.5 cm，深度为茎粗的1/2。对好切口将砧木与接穗用嫁接夹或塑料条固定。移栽到嫁接育苗钵中。砧木和接穗的根系要分开些，经过10 d左右伤口愈合后，给接穗断根。

四、嫁接苗的管理

1. 温、湿度管理

嫁接好的嫁接苗，要及时移入准备好的嫁接苗床内，搭盖薄膜，保湿、保温。茄子嫁接苗愈合以前，温度白天控制在26～28℃，夜间20℃左右，空气相对湿度控制在95%以上。

2. 光照管理

茄子嫁接至愈合期5～6 d，要严防强光直射，早晚要多见散射光，中午用纸被等遮阳物盖上，以避免强光照射，2 d后再半遮阳2 d，再过2 d去掉全部遮阳物，炼苗2～3 d，进入正常管理。

3. 水肥管理

嫁接成活后，要及时进行补水追肥，可配制营养液浇灌，或用0.20%～0.30%磷酸二氢钾和0.50%尿素溶液根外追肥，7～10 d追1次。营养液配比为100 kg水兑尿素30.60 g、过磷酸钙30 g、磷酸二铵11.40 g、磷酸二氢钾30 g。

4. 通风管理

7 d内不通风，7 d后从底部于早或晚逐渐放风，风口由小到大，时间由短到长，大约30 d接穗长到5～6片叶时即可定植。

五、炼苗

定植前10～15 d，要进行低温炼苗和干旱蹲苗，以增强嫁接苗定植后的抗逆能力。此时期，白天温度控制在20℃左右，夜间10～15℃，水分控制在以茄苗不萎蔫为止。

【注意事项】

①使用嫁接工具注意安全。

②使用工具前要对工具进行消毒处理。

【问题处理】

茄子栽培特别是温室栽培中倒茬轮作存在病害的问题，采取嫁接育苗栽培技术，能有效地防止土传病害的发生。通过嫁接换根，砧木对黄萎病、枯萎病、青枯病、根线虫等土传病害高抗或免疫，增强茄子抗病虫害的能力，并解决了茄子连作障碍的难题。嫁接后茄子根系发达，吸收水肥能力增强，生长迅速，提高了植株的抗逆性，产量明显增加。茄子嫁接后外观颜色变深，着色均匀，单果重增加，明显改善商品性。

【知识链接】

茄子的生物学特性和生长习性

茄子属茄科植物，为直根系，根系深可达 200 cm，横向伸长 100～150 cm，主要根群分布在 30 cm 土层内。

茄子生长发育进程中，根系木质化较早，产生不定根的能力较弱，所以，移栽时苗龄不宜太大，并尽量避免伤根。茄子植株的分枝能力很强，结果潜力大，每一次分枝结一层果实，越到上层果实越多。按果实出现的先后顺序，习惯上称之为“门茄”“对茄”“四母斗”“八面风”和“满天星”。

经过几十年的提纯、复壮，著名的有成都地区三叶茄、高秆竹丝茄、墨茄 3 个品种。

1. *三叶茄*

三叶茄为早熟种。株高约 1 m，开展 50～70 cm，茎紫黑色，有灰褐色茸毛，叶色深绿，上有紫斑，叶缘凸波状，叶片卵圆形，叶柄和叶脉紫色，第 1 花着生于 7～9 节，果实棒状或卵圆形，果柄及萼片紫黑色，有短刺，果皮紫红色，肉白色，质细，亩产 2 000 kg。

2. *高秆竹丝茄*

高秆竹丝茄早中熟，定植移栽到开始收获 60～70 d，耐热、抗病力较强、适应性广，植株 80～90 cm，开展度 65～70 cm，主茎高约 27 cm，茎绿色，叶片卵圆形。第 1 朵花着生在 7～11 节，果实棍棒形，果蒂部微弯，纵长 28～30 cm，横径 5.0～6.0 cm，浅绿色带紫色细纹，单果重约 300 g。果肉松软，外皮薄，质地细嫩，水分少，味甜，籽少，品质好，亩产 2 000～2 500 kg。

3. *墨茄*

墨茄中晚熟，定植移栽到开始收获 80 d，抗病抗逆性强，植株高 1.0～1.1 m，开展度 60～65 cm，主茎高约 27 cm，茎黑紫色，叶片卵圆形，绿色。第 1 朵花着生在 10～13 节，果实长圆柱形，纵长 40 cm 左右，横径 5.0 cm 左右，黑紫色，单果重约 300 g。果肉疏松、细嫩、纤维少、水分多，种子少，皮薄，品质好，亩产2 000～2 500 kg。

茄子对土壤要求不严，但最适宜种在土层深厚、肥沃、保肥保水力强、pH 6.8～7.3 的黏土或黏壤土上。轮作中忌与茄科作物连作，一般要求隔 3～5 年轮作 1 次，以免受到潜伏在土中的病害（如黄萎病、立枯病等）浸染。

茄子喜肥且比较耐肥，比番茄、黄瓜的需肥量大。茄子需肥量以氮最多，钾次之，磷较少。

每生产 1 000 kg 茄子需吸收氮（N）2.62～3.3 kg，磷（P_2O_5）0.63～1 kg，钾（K_2O）3.1～5.1 kg。茄子对肥料三要素的吸收量随着其生育期的发展而增加，苗期吸收氮、磷、钾的量分别为其总量的 0.05%、0.07%和 0.09%，初花期至末果期的吸收量约占总量的 90%以上，其中盛果期占 2/3。

氮素分布在茄子植株不同部位的大致比例为叶子中占 21%，茎中占 9%，根 8%，采收的全部果实占 62%，可见，果实膨大期需要相当多的氮素。

氮供应充足时，茎叶粗大，生育旺盛。缺氮时，初期对茎部生长影响不大，但下部叶老化、脱落，如果及时补充则很快恢复，缺氮时间较长时，叶色淡黄，茎枝细弱。氮对花果的影响也很明显，氮不足，长柱花减少，生育后期开花数减少，花质降低，开花结果日期推迟，结果率下降，减产严重；如果氮素过多，会使养分在花芽中过多地积聚，出现畸形果。

茄子幼苗期需磷较多，磷促进根系发育，使茎叶健壮，提高定植苗的成活率，提早花芽分化。磷不足则花芽发育迟缓或不能结实。据研究，当土壤有效磷（P）含量为 200 mg/kg 时，增施磷肥，茄子仍可增产。但施磷过多易造成果皮硬化，影响品质。

钾促进植株健壮，提高其生理抗逆能力，减少病害发生。缺钾也会延迟花的形成。在茄子生育中期，吸钾量与氮相近；到果实采收盛期，吸钾量则明显增多。沙培法试验证明，不论何时缺钾都会影响茄子产量。

当低温、多肥，对硼素的吸收受阻时，茄子嫩叶中的花青素显得很浓，而且嫩芽顶端常呈现钩状弯曲。土壤过湿或氮、钾、钙过多时，还会诱发缺镁，其症状是叶片主脉附近易褪色变黄；缺钙或肥料过多时易引起锰过剩，其症状是果实表面或网状叶脉褐变产生铁锈；铵态氮过多、钙不足时会产生矮胖型劣果。

茄子结果有周期性，一次旺盛结果后，有个结实较少的间歇期。在整个结果期内有 2～3 个周期，周期起伏程度与施肥量、采收果实的大小和数目等有关。合理增施肥料可消减周期起伏，提高产量。

任务五 菊花嫁接育苗技术

【任务准备】

①预习教学内容，了解嫁接的方法。

②分组操作，每组4人，完成5个菊花嫁接。

【工作环节】

一、嫁接前的准备工作

1. 基质的准备

采用普通黄土和锯末按2∶1比例混合，再用0.2%高锰酸钾溶液喷湿消毒。在100 kg基质中加熟化油菜籽饼5 kg和磷酸二铵1 kg充分混合后，装入花盆中。

2. 砧木的准备

选用菊科蒿属主茎直立、分枝多的多年草本作为砧木，5月底到6月初，将生长健壮无病虫害的青蒿、野艾等，带土移栽到花盆中，使其正常生长。

3. 接穗的采集

采用本地栽培生长健壮、无病虫害、花期相近、花形丰满、花色谐调菊花的当年嫩枝做接穗。采回后立即修剪接穗，去掉基部侧枝及叶片，接穗的粗细应与砧木相近，接穗长8～10 cm，留3～4个芽进行嫁接。嫁接不完的接穗应及时泡在水中，也可随采随接。

二、嫁接的时间和方法

1. 嫁接时间

砧木移栽盆中，待缓苗后，20～25 d左右即可嫁接。嫁接最好选择在晴天上午9:00～16:00进行，此时嫁接成活率高。

2. 嫁接方法

通常采用劈接法，将接穗下部削成2～3 cm的楔形，削面要求光滑平展。距主枝8～12 cm光滑处，切断砧木主枝，再纵切砧木主枝中心长2～3 cm缝隙。然后将削好的楔形接穗和砧木在100 mL/L 7号GGR中迅速蘸一下，将接穗立时嵌入砧木，对齐形成层，用塑料薄膜自上而下绑紧扎实，然后剪除砧木枝条基部的萌芽及叶。嫁接形状，要求根据设计进行，如要球形花，先将砧木主顶剪掉，促发大量侧枝，等侧枝长到一定程度，根据球面一次性嫁接完成；如要塔形花，分层嫁接，每

10 d 左右嫁接 1 层，直到嫁接完为止。

三、嫁接后管理

(1)遮阳　嫁接后立即采取遮阳措施，6～7 d 接穗基本成活后去除遮阳物。

(2)浇(喷)水　接穗后及时浇透水，晴天要注意喷水，每天喷 3～4 次，同时加大袋上通风口，天气特别干热时，向袋内少量喷雾，使接穗逐步适应外界环境。

(3)除萌　嫁接后，砧木极易长出萌枝、萌芽，应及时抹除，以免和接穗竞争营养和水分，影响嫁接成活率。

(4)打开塑料袋　3 d 后，将塑料袋打开一个小口通风，并注意观察，接穗有无失水萎蔫现象。

(5)补接　如发现袋内接穗萎蔫死亡应及时补接。

(6)解绑　20 d 左右接穗开始迅速生长，应及时去掉绑在接穗上的塑料条。

【注意事项】

操作时要做到认真、细心、迅速、准确。

【问题处理】

采用阿坝蒿、甘青蒿、野艾为砧木嫁接菊花，不仅解决菊花易倒伏、徒长这一现象，而且可以改变菊花某些性状。植株单嫁接的最大菊花直径由嫁接前 15 cm 增加到 25 cm，花的大小比嫁接前增大 1～3 倍；花茎也明显增粗，由嫁接前 6～9 mm 增加 8～13 mm；花高也明显变矮，由嫁接前 75～120 cm 降低到 67～93 cm。这些都大大提高了菊花的品质，为爱花、养花群众提高观赏价值，同时嫁接菊花还可丰富品种、丰富色彩、花形多变、姿态万千，为生产农户带来商机，提高商品价值。

【知识链接】

菊花的形态特征和生长习性

一、菊花的形态特征

1. 根(地下茎)

菊花为菊科菊属多年生草本植物，每年冬季地上部的茎叶枯死，地下部分宿留土中度过严冬，第二年春季萌发新芽。菊花的地下茎在地上部分开花停长后从植株基部萌发，横向蔓生于土中。地下茎的外形与根相似，具有明显的节和节间，节上有小的退化鳞片，从茎节上可抽生不定根向下生长，顶端出土后形成幼芽，即通常所说的脚芽。脚芽与母株分离后可单独形成植株。地下茎储存的营养物质多，脚芽就生长得粗壮。菊花实生苗(用种子繁殖的苗子)具有明显的主根，根系级次明显。用扦插繁殖的菊花缺乏主根，其根系是以不定根形式形成须根系。

2. 茎

菊花的茎直立或半蔓生，粗壮易分枝，植株高度因品种而差异很大，一般为40～180 cm。茎草质有棱，横切面一般呈近五边形。新枝青色或紫褐色，表面有短柔毛。老枝灰褐色，木质化程度由下向上递减。茎的各节分枝或生叶，枝生长到一定高度，顶端即孕蕾开花。

3. 叶

菊花的叶为完全叶，单叶互生，有叶柄，部分品种有托叶。叶色因品种不同有差异，一般为浓绿色。叶厚，质脆，叶面一般有绒毛，叶片一般为羽状浅裂或深裂，叶缘有锯齿。因品种不同叶片的各种特征差异明显，是鉴别菊花品种的重要依据。

4. 花

菊花的花其实并不是一朵花，而是头状花序。头状花序外面包有几层叶状苞片，组成总苞。内部的小花分为2部分，外层花瓣叫边花，为舌状花，多为单性雌花或无性花，颜色鲜艳，中央的花叫盘花，为筒状花，两性花，具有完整的雌蕊和雄蕊，雄蕊5枚着生在花冠筒壁，花丝分离，雌蕊柱头呈"Y"字形。

5. 种子

菊花的种子实际上是类似种子的果实，在植物学上称为瘦果，长1～3 mm，表面有棱，黄褐色或绿褐色，种子成熟后无明显休眠期，生活力可保持1～3年。

二、菊花的生长习性

1. 土壤

菊花的最大特性是喜肥，同时也耐肥，忌积水。要求是地势高燥，透气性好，保水保肥能力好的肥沃土壤。菊花对土壤酸碱度的适应范围较广，pH为5.5～7.5时均能生长良好。菊花在不同发育阶段对土壤养分的要求不同，早期营养生长时，消耗氮素较多。转向生殖生长后，对磷、钾肥的消耗较多。

2. 温度

菊花性喜气候温和凉爽，忌炎热，夏季高温宜引起菊花早衰。菊花比较耐寒，冬季地下部分耐－10℃以上的低温。让宿根在能忍耐的低温下越冬，有利于提高脚芽的质量。菊花茎叶的耐寒能力比花强，可经受轻霜和薄雪，而花在0℃以下则易受冻害。菊花生长的适宜温度为15～25℃，35℃以上对菊花生长不利，温度高于30℃或低于15℃均不利于花芽分化。研究表明，温度对花色有一定的影响，一般寒冷地区栽培的秋菊比温暖地区栽培的鲜艳。在促成栽培中，高温季节开的花，花色变淡，花形变劣，花期缩短。在延迟栽培的寒冷季节开的花比秋季正常开的花鲜艳。5～15℃是开花期的最适温度。

3. 光照

菊花喜阳光充足,忌烈日照射。夏季光线强烈,同时伴有高温,对菊花生长不利。菊花也稍能耐阴,但光照不足容易徒长。菊花对日照长短的反应因种类和品种而异,夏菊为中日照植物,而秋菊和冬菊则是典型的短日照植物,对日照长度比较敏感。株龄不同对短日照的反应也有差异,秋菊和冬菊在长日照条件下有利于营养生长,在短日照条件下则会转向生殖生长;秋菊的临界日照长为 14.5 h,日照长于 14.5 h 花芽不分化,而继续营养生长;短于 14.5 h 花芽开始分化。在花芽分化后要使花芽正常发育,还需要更短的日照,一般为 13.5 h,同时温度应低于 15℃,昼夜温差为 10℃,这样才有利于花芽正常发育。当日照短于 12.5 h,温度降至 10℃时花蕾形成。秋菊在花原基形成以后,任何日长条件下都能开花,一般所需短日照诱导开花的日数为 30 d 左右。如果在花芽分化没有完全完成而增加日长,则花芽分化会停止或逆转,转向营养生长。光照强度只影响菊花的花色和花期,一般在开花期光照过强会使花期缩短,在光线充足的环境中花色艳丽,原因是较强的光照可以促进花青素的形成。

4. 水分

过去有“干兰湿菊”之说,实际上菊花耐旱忌水湿。适度的干旱可以防止徒长,控制高度,过分干旱会导致生长迟缓,下部叶片因早衰而枯黄脱落。土壤过湿会引起生长不良,积水则容易引起植株死亡。

复习思考题

一、填空题

1. 嫁接成活过程受(　　)、(　　)和(　　)的影响。

2. 茄果类蔬菜嫁接主要采用(　　)、(　　)、(　　) 3 种方法。

3. 亲和力高低反映了砧木、接穗在(　　)、(　　)和(　　)上的差异性,主要决定于两者的亲缘关系的远近。

4. 瓜类蔬菜嫁接通常在子叶苗的下胚轴进行,主要采用(　　)、(　　)、(　　)等方法。

二、简答题

1. 嫁接技术在工厂化育苗中的优点有哪些?

2. 黄瓜采用插接法的优点和缺点有哪些?

项目四　扦插育苗技术

知识目标　理解扦插育苗基质和扦插床的制作。
理解各种环境因子对扦插育苗的影响。
掌握扦插育苗技术知识。

技能目标　掌握扦插育苗基质的配制方法。
掌握扦插育苗基质消毒方法。
掌握扦插床的制作。
能对扦插苗期环境进行调控。
能熟练进行扦插育苗操作。

项目流程　基质准备→母株选择→插条采集→处理→扦插→浇水、遮阳→苗期管理。

任务一　扦插育苗的设施设备

【任务准备】

①不同规格的扦插床。

②各种类型的基质：河沙、蛭石、珍珠岩、砻糠灰和锯末。

③扦插工具、药品：剪刀、单面刀、扦插棍、生根粉、洒水壶。

【工作环节】

一、基质处理

基质都应干净、颗粒均匀、中等大小，插床内基质一般不要铺得太厚，否则不利于基质温度提高，影响生根。

(1)基质配方　选干净的珍珠岩、蛭石、泥炭、河沙。按蛭石∶泥炭(过筛)∶珍珠岩：河沙为5：3：1：1进行混合。

(2)基质消毒　用百菌清或甲基托布津600～800倍液对扦插基质进行消毒杀菌。

二、插床

在温室内，用砖砌的扦插床进行扦插。苗床宽度以不超过1.5 m为宜，长度不限，里面铺上厚30 cm左右的蛭石、泥炭(过筛)、珍珠岩、河沙混合基质。这些介质都有疏松透气、持水与排水性能好的特点，根据实际情况可以单独或减少种类使用，床底交错平铺两层砖以利于排水。也可以用30 cm×50 cm育苗盘作为扦插床。有些花卉种类扦插床可以用72孔穴盘。

扦插床在春季和夏季高温时也可以在露地人工整地做畦，用平畦做扦插。用遮阳网覆盖遮光，同时注意保持湿度。

有些地区在温室内使用加温的扦插床，增加地温，有利于扦插苗根系的生长。热源是用电热线或电热棒埋在基质内，使基质温度比气温高3～6℃，这样生根较快。

三、促进插穗生根的方法

(1)机械处理　对枝条木栓组织较发达的植物，较难发根的品种，插前先将表皮木栓层剥去，加强插穗吸水能力，可促进发根。有些品种可以用刀在插穗基部刻2～3 cm长的伤口，直达韧皮部，促进生根。

(2)黄化处理　在要进行扦插的部位用锡纸进行包裹，经过一段时间后，枝条褪绿，再将这个材料割取下来，晾干后扦插。

(3)水浸处理　春季将储藏的枝条从沟中取出后，先在室内用清水浸泡6～8 h，然后进行剪截。

四、促进插穗生根物质

(1)药剂处理　有吲哚乙酸、吲哚丁酸、萘乙酸等。在浓度为25～100 mg/kg药剂中，浸泡12～24 h，或2 000～5 000 mg/kg溶液中速浸3～5 s，都有效地促进枝条生根。

(2)用维生素B_{12}　将维生素B_{12}的针剂加1倍凉开水稀释，将插条基部浸入其中，约5 min后取出，稍晾一会儿待药液吸进后，扦插。

(3)用高锰酸钾处理插条　将插条基部2 cm浸入0.1%～0.5%的高锰酸钾溶液中，浸泡12～24 h后取出，立即扦插。高锰酸钾具有强氧化性，注意用药安全。

(4)生根粉的使用 配制浓度为 25～100 mg/kg。浸渍时间 2～8 h。

(5)用蔗糖溶液处理插条 蔗糖溶液对木本花卉和草本花卉都有效果，使用浓度为 5%～10%，浸渍 10～24 h，然后用清水冲洗，再进行扦插有较好的效果。

【注意事项】

①用百菌清或甲基托布津 600～800 倍液对扦插基质进行消毒杀菌。

②基质消毒注意安全。

【问题处理】

花卉花盆扦插具体做法是：在花盆底部垫放排水物后，先填一层颗粒较粗的培养土，中间放一层较细的培养土，最上面铺一层河沙。植株浅埋在沙层里，生根后可以很快伸展到下面培养土中吸取养料。这样做可避免扦插生根后要立即移植的麻烦，但生长一段时间后最好翻盆，完全换培养土栽种，因为上面的沙层常使盆内土壤干湿情况不明，时间一长，易造成植株生长不良，甚至烂根。

任务二 扦插育苗技术

【任务准备】

①不同规格的扦插床。

②扦插工具、药品：剪刀、单面刀、扦插棍、生根粉、洒水壶。

【工作环节】

一、扦插繁殖

扦插繁殖即取植株营养器官的一部分，插入疏松润湿的土壤或细沙中，利用其再生能力，使之生根抽枝，成为新植株。按取用器官的不同，又有枝插、根插、芽插和叶插之分。扦插时期因植物的种类和性质不同而异，一般草本植物对于扦插繁殖的适应性较大。除冬季严寒或夏季干旱地区不能进行露地扦插外，凡温暖地带及有温室或温床设备条件者，四季都可以扦插。木本植物的扦插时期，又可根据落叶树和常绿树而决定，一般分休眠期插和生长期插 2 类。扦插植物包括葡萄、月季、黄杨树、空心菜等植物。

二、插条的选择

作为采条母体的植株，要求具备品种优良，生长健旺，无病虫危害等条件，生长衰老的植株不宜选作采条母体。在同一植株上,插材要选择中上部,向阳充实的枝条,如葡萄扦插枝条一般是选择节距适合,芽头饱满,枝杆粗壮的枝条。在同一枝条上,硬枝插选用枝条的中下部,因为中下部储藏的养分较多,而梢部组织常不充实。但树形规则的针叶树,如龙柏、雪松等,则以带顶芽的梢部为好,以后长出的扦插树干通直,形态美观,带踵扦插,剪去过分细嫩的顶部,而菊花等在扦插时,使用的却正是嫩头。

三、叶插

叶插是将叶片分切成数段分别扦插。如龙舌兰科的虎尾兰属种类,可将壮实的叶片截成 7～10 cm 的小段,略干燥后将下端插入基质。用于能自叶上生长不定根的种类,一般仅用于少数无明显主茎、不能进行枝插的种类,或一时需大量繁殖而又缺乏材料时才用。叶插要求有良好的设备以保障温、湿度,否则在发根时容易造成萎蔫。

叶插通常在温室内进行。如秋海棠类扦插有 2 种方法:一是整片叶扦插,切取叶片后剪去叶柄及叶缘薄嫩部分以减少水分蒸发,在叶脉交叉处用刀切断,将叶片平铺于基质上,然后用少量沙子铺压叶面上,使叶片紧贴基质。这样操作可以让叶片不断吸收水分,以后在切口处会长出不定根,然后发育成小苗。二是可以把叶片切成三角形小片,每片应包含一段叶脉,然后直插入基质中,在叶脉基部也可以发根长芽。

四、嫩枝扦插

嫩枝扦插是利用未木质化或半木质化的枝条进行扦插繁殖的方法。适用的种类最多,凡是柱状、鞭状、带状和长球形的种类,都可以将茎切成 5～10 cm 不等的小段,待切口干燥后插入基质,插时注意上下不可颠倒。葡萄科的方茎青紫葛和菊科的仙人笔等,其茎分节,可按节截取插穗。

五、硬枝扦插

硬枝扦插是利用充分成熟完全木质化的一年生或二年生枝条作为插穗。枝条已经进入休眠期,枝条内所含的营养物质最为丰富,细胞液浓度最高,呼吸作用微弱,更易维持插穗的水分代谢平衡,有利于在扦插过程中愈伤组织形成和分化形成根原基,产生不定根。成熟良好的一年生枝,枝条粗壮,节间短,生长充实,髓部较小,芽眼饱满,无病虫害。采集的插条每根剪留 6～10 节,并剪除卷须和果穗梗,按 50～100 根捆成 1 捆,作为硬枝扦插的材料。

六、根插

有些不易用茎扦插繁殖而其根能长出不定芽的种类,可以用根插。适用的种类最少,只有掌类中的翅子掌和百合科的截形十二卷、毛汉十二卷等。可将其粗壮的肉质根用利刀切下,大部分埋入沙中,顶部仅露出 0.5 cm,有时也能成功地长出新株,但成功率不高。根插具有极性现象,注意不能颠倒。

根插法可分为下述 3 种情况:一是细嫩根类,将根切成长 3～5 cm,散布于插床的基质上,再覆一层基质。二是肉质根类,将根截成 3～5 cm 的插穗,插于沙内,上端于基质稍高。三是粗壮根类,大多数灌木类的根较粗壮,可直接在露地进行根插,插穗一般 10～20 cm,横埋于土中,深约 5 cm。

七、插条处理

用生根粉处理插条。可用 ABT 生根粉将一年生嫩枝基部浸泡 0.5～1 h,取出后立即插入基质中。ABT 生根粉适用于大量的花木扦插,其生根效果优于用萘乙酸和吲哚丁酸。

八、扦插后管理

扦插后要加强管理,为插条创造良好的生根条件,一般插条生根要求基质既湿润又空气流通,注意保持温度和湿度。扦插成活后,应早选留一个壮梢,其余都抹掉。等苗长出 3～4 片叶时喷施尿素,促进苗木生长。灌水可以提高土壤湿度,增加插条活性,有利于伤口愈合,提高成活率。以后根据插条生根的快慢,逐步加强光照。

九、全光照喷雾扦插方法

插穗在自动喷雾装置的保护下,在全光照的插床上进行扦插育苗的方法。适用于扦插带叶的插穗。具有简单易行、适应性强、生根期短、成活率高、出苗快和省时省力等优点,现已开始在生产上推广使用。

扦插基质要具有疏松、透气、排水良好的特性,可以大大减少插穗的腐烂。通过间隙喷雾方法使叶面保持一层水膜,经常喷雾能提高叶片周围的空气湿度 90% 以上,减少插穗体内水分的损耗。充分利用光照进行光合作用。制造糖类供给插穗生根的需要,加速伤口愈合和促进生根。

用砖在地上砌一个面积任意大小的苗床,为操作方便宽度以不超过 1.5 m

为宜，长度不限，里面铺上 30 cm 左右厚的蛭石、珍珠岩或黄沙等作为介质，床底交错平铺两层砖以利排水，苗床上设立喷雾装置，即在苗床上空约 1 m 高处，安装好与苗床平行的若干纵横自来水管。水管上再安装农用喷雾器的喷头。根据喷头射程的远近，决定喷头的间距和安装数目。每只喷头喷雾面积约为 2.5 m^2，喷出的雾粒愈细愈好。在扦插前 2～3 d 打开喷头喷雾，让介质充分淋洗，以降低砻糠灰、珍珠岩等介质的碱性，同时使其下沉紧实，然后按常规扦插要求进行扦插。

扦插完后，就进入到插后的喷雾管理阶段。一般晴天要不间断地喷雾，阴天时喷时停，雨天和晚上完全停喷。在全光照喷雾育苗的条件下，插条伤口愈合需30～40 d，长出根系约需 60 d。一般插条上部叶芽萌动，表示下部已开始生根；待插条地上部长出 1～2 对叶片、以手轻提插条感觉有力时，表示根系生长已经比较完整，可以移苗上盆，或移进大田内继续培育。

十、水插法

水插法就是用水作为基质进行扦插，有些种类的植物枝条柔软，像夹竹桃、橡皮树、栀子花等可以使用水插繁殖。将插穗插于有孔的轻质物体上，像苯板，让插穗浮在水面，一半在水上，一半在水下。注意要经常换水，保持水的清洁。也可以在水中放置木炭，吸附水中的杂质，防止水中生长绿藻。植物生根后，要及时移栽，否则在水中过久，根系生长细弱脆嫩，易受损害。

【注意事项】

1. 药剂处理

用吲哚乙酸、吲哚丁酸、萘乙酸等。浓度为 25～100 mg/kg 药剂中，浸泡 12～24 h 或 2 000～5 000 mg/kg 溶液中速浸 3～5 s，都有效地促进枝条生根。

2. 用维生素 B_{12}

将维生素 B_{12} 的针剂用加 1 倍凉开水稀释，将插条基部浸入其中，约 5 min 后取出，稍晾一会儿待药液吸进后进行扦插。

【问题处理】

用高锰酸钾处理插条。将插条基部 2 cm 浸入 0.1%～0.5%的高锰酸钾溶液中，浸泡 12～24 h 后取出，立即扦插。高锰酸钾具有强氧化性，注意用药安全。

【考核评分】

扦插考核评分见表 4-1 和表 4-2。

表 4-1　扦插考核评分(硬枝扦插)

姓名　　　　　　班级

序号	考核内容	分值	得分	备注
1	插条的选择:选择一、二年生枝条,2～4 个饱满芽	5		
2	插条的处理:将插条剪成 15～25 cm,切口平滑,上切口剪成平口,距上部芽 1 cm,下切口在节下 0.2～0.5 cm,剪斜口	10		
3	生根剂的配制:天平的使用,量筒的使用	10		
4	基质的处理:河沙过筛、消毒。消毒方法:高温消毒。插床的铺设:插床高 8 cm。插床温度:20～23℃	5		
5	间距:行距 20～30 cm,株距 10～20 cm。扦插深度:插穗长度的 1/3～1/2	10		
6	管理:遮阳,浇水次数和浇水量,消毒 0.01%多菌灵,施肥 0.1%磷酸二氢钾	10		

考核教师:

表 4-2　扦插考核评分(嫩枝扦插)

姓名　　　　　　班级

序号	考核内容	分值	得分	备注
1	插条的选择:选择半木质化生枝条,2～4 个饱满芽	5		
2	插条的处理:将插条剪成 5～12 cm,切口平滑,上切口剪成平口,距上部芽 1 cm,下切口在节下 0.1～0.3 cm,剪斜口。保留叶片	10		
3	生根剂的配制:天平的使用,量筒的使用	10		
4	基质的处理:河沙过筛、消毒。消毒方法:高温消毒。插床的铺设:插床高 8 cm。插床温度:20～23℃	5		
5	间距:行距 20～30 cm,株距 10～20 cm,扦插深度:插穗长度的 1/3～1/2	10		
6	管理:遮阳,浇水次数和浇水量,消毒 0.01%多菌灵,施肥 0.1%磷酸二氢钾	10		

考核教师:

任务三 葡萄扦插育苗技术

【任务准备】

①葡萄苗木。

②育苗基质：土壤、河沙、腐熟的有机肥、地膜。

③扦插工具、药品：剪刀、单面刀、扦插棍、生根粉、洒水壶。

【工作环节】

一、葡萄苗的培育

生产上常采用贝达葡萄硬枝扦插方法。

(1)采集插条及储藏　一般结合冬季修剪(9月下旬至10月份)选取插条。硬枝插条的要求是成熟良好的一年生枝，枝条粗壮，节间短，生长充实，髓部较小，芽眼饱满，无病虫害。采集的插条每根剪留6～10节，并剪除卷须和果穗梗，按50～100根捆成1捆，然后进行沟藏。储藏地点应选在地势较高，排水较好的向阳背风地。储藏沟一般深80～100 cm，宽120～130 cm，沟长按插条数而定。最底层放10 cm厚的湿沙(湿度一般50%～60%)，然后把插条平放，放沙，一边填土一边晃动插条，使湿沙土掉入插条的缝隙中，使每根插条空隙充满沙土。上面再盖一层30～40 cm厚的沙土。插条用沙土埋好后，再覆盖20 cm厚的土，高出地面就可。

(2)插条剪截　插条出窖(一般2月下旬至3月份)后，要进行分级挑选，选择芽壮、没有霉烂和损伤的插条，扦插前剪成2个芽1根的插条。上端离顶芽1～2 cm处平剪，下端在基部节下0.5 cm以内斜剪。剪完的砧木插条应按长短和粗细分别进行捆绑，一般100～200根/捆，基部对齐，有利于催根等处理。

(3)插条催根处理　插条催根前要用清水浸泡12～24h，使插条充分吸收水分，然后通过药剂或加热处理进行催根。

二、整地覆膜

葡萄育苗应选择地势平坦，土壤肥沃，无病虫害的沙壤土，具备灌溉条件，交通方便。早春整地前每亩施腐熟的有机肥 3～4 m^3，均匀撒在地表，然后全面旋地，保证土壤细碎不结块，再做畦覆膜。

三、扦插

当 10 cm 深的地温稳定在 10℃时（沈阳地区 4 月上旬，南方可以适当提早），即可扦插。扦插要根据株距 8～10 cm，进行长条斜插，短条垂直插，芽眼朝南向最佳，深度以芽眼距地膜 1 cm 左右为宜。扦插后及时灌一次透水。

四、插条管理

扦插成活后，应早选留一个壮梢，其余都抹掉。等苗长出 3～4 片叶时喷施尿素，促进苗木生长。可以对 30～35 cm 高的新梢进行摘心，并将下部 3～4 片叶腋内的副梢全部去掉。对沙壤土扦插 7 d 左右要灌水，黏土应提前 2～3 d 灌水。灌水可以提高土壤湿度，增加插条活性，有利于伤口愈合，提高成活率。

【注意事项】

药剂处理有吲哚乙酸、吲哚丁酸、萘乙酸等。浓度为 25～100 mg/kg 药剂中，浸泡 12～24 h 或 2 000～5 000 mg/kg 溶液中速浸 3～5 s，都有效地促进枝条生根。注意药剂的浓度和浸泡时间。

【问题处理】

电热温床催根是目前常用的催根方法。整个系统由电热线、自动控温仪、感温头及电源配套组成。布好电热线后，铺 5 cm 左右湿沙，然后摆放经过药剂处理的插条，成捆或单根放置均可。注意插条直立摆放，基部平齐，中间空隙用湿沙充满，保证插条基部湿润不风干。插条在摆放好后，将电热线两端接在控温仪上，感温头插在床内深达插条基部，然后通电。注意催根温度控制在 25～28℃，一般经 11～14 d，插条基部产生愈伤组织，发生小白根。并在扦插前 2～3 d 断电，达到锻炼插条的目的。催根过程中，应注意插条基部沙的湿度，要小水勤浇。床上应注意遮光，防止床表面温度升高，芽眼先萌发，影响插条扦插成活率。

【考核评分】

葡萄扦插考核评分见表 4-3 和表 4-4。

表 4-3 葡萄扦插考核评分(硬枝扦插)

姓名　　　　　　班级

序号	考核内容	分值	得分	备注
1	插条的选择:选择一、二年生枝条、2～4 个饱满芽	5		
2	插条的处理:将插条剪成 15～25 cm,切口平滑,上切口剪成平口,距上部芽 1 cm,下切口在节下 0.2～0.5 cm,剪斜口	10		
3	生根剂的配制:天平的使用,量筒的使用	10		
4	基质的处理:河沙过筛、消毒。消毒方法:高温消毒。插床的铺设:插床高 8 cm。插床温度:20～23℃	5		
5	间距:行距 20～30 cm,株距 10～20 cm。扦插深度:插穗长度的 1/3～1/2	10		
6	管理:遮阳,浇水次数和浇水量,消毒 0.01%多菌灵,施肥 0.1%磷酸二氢钾	10		

考核教师:

表 4-4 葡萄扦插考核表(嫩枝扦插)

姓名　　　　　　班级

序号	考核内容	分值	得分	备注
1	插条的选择:选择半木质化生枝条,2～4 个饱满芽	5		
2	插条的处理:将插条剪成 5～12 cm,切口平滑,上切口剪成平口,距上部芽 1 cm,下切口在节下 0.1～0.3 cm,剪斜口。保留叶片	10		
3	生根剂的配制:天平的使用,量筒的使用	10		
4	基质的处理:河沙过筛、消毒。消毒方法:高温消毒。插床的铺设:插床高 8 cm。插床温度:20～23℃	5		
5	间距:行距 20～30 cm,株距 10～20 cm。扦插深度:插穗长度的 1/3～1/2	10		
6	管理:遮阳,浇水次数和浇水量,消毒 0.01%多菌灵,施肥 0.1%磷酸二氢钾	10		

考核教师:

【知识链接】

葡萄的植物学特征

葡萄叶对生，卵圆形，显著3～5浅裂或中裂，长7～18 cm，宽6～16 cm。中裂片顶端急尖，裂片常靠合，裂缺狭窄，间或宽阔，基部深心形，基缺凹成圆形，两侧常靠合，边缘有22～27个锯齿，齿深而粗大，不整齐，齿端急尖，上面绿色，下面浅绿色，无毛或被疏柔毛。基生脉5出，中脉有侧脉4～5对，网脉不明显突出。

葡萄叶柄长4～9 cm，托叶早落。圆锥花序密集或疏散，多花，与叶对生，基部分枝发达，长10～20 cm，花序梗长2～4 cm，几无毛或疏生蛛丝状绒毛。

葡萄花梗长1.5～2.5 mm，无毛；花蕾倒卵圆形，高2～3 mm，顶端近圆形；萼浅碟形，边缘呈波状，外面无毛；花瓣5，呈帽状黏合脱落；雄蕊5，花丝丝状，长0.6～1 mm，花药黄色，卵圆形，长0.4～0.8 mm，在雌花内显著短而败育或完全退化；花盘发达，5浅裂；雌蕊1，在雄花中完全退化；子房卵圆形，花柱短，柱头扩大。

葡萄果实球形或椭圆形，直径1.5～2 cm；种子倒卵椭圆形，顶短近圆形，基部有短喙，种脐在种子背面中部呈椭圆形，种脊微突出，腹面中棱脊突起，两侧洼穴宽沟状，向上达种子1/4处。花期4～5月份，果期8～9月份。颜色有紫色、白色等。

任务四　月季扦插育苗技术

【任务准备】

①月季苗木。

②育苗基质：土壤、河沙、腐熟的有机肥、地膜。

③扦插工具、药品：剪刀、单面刀、扦插棍、生根粉、洒水壶。

【工作环节】

一、月季苗的培育

生产上常采用月季硬枝扦插方法。

(1)整地　月季育苗应选择地势平坦，土壤肥沃，无病虫害的壤土，具备灌溉条件，交通方便。早春整地前每亩施腐熟的有机肥3～4 m^3，均匀撒在地表，然后全面旋地，保证土壤细碎不结块。再做畦。

(2)采集插条及储藏　成熟良好的一年生枝，枝条粗壮，生长充实，髓部较小，芽眼饱满，无病虫害。采集的插条每根剪留10 cm左右，其上保留3～4个腋芽。

不留叶片或仅保留顶部1～2片叶片。插穗上端剪成平口，下端剪成斜口，剪口距腋芽1 cm。剪口要平滑，以便形成愈合组织。

(3)插条催根处理 用50%酒精和萘乙酸配成500 mg/kg溶液，将插穗下端2 cm浸入该溶液中2～5 s，待药液稍干后，立即插入苗床。

二、扦插与插条管理

(1)扦插 当10 cm深的地温稳定在10℃时，即可扦插。扦插要根据株距4～5 cm，进行长条直插，芽眼朝南向最佳，深度以芽眼距地面1 cm左右为宜。扦插后及时灌一次透水。

(2)插条管理 扦插成活后，应早选留一个壮梢，其余都抹掉。等苗长出3～4片叶时喷施尿素，促进苗木生长。嫁接前2～4 d要对30～35 cm高的新梢进行摘心，并将下部3～4片叶腋内的副梢全部去掉。对沙壤土嫁接前1 d要灌水，黏土应提前2～3 d灌水。灌水可以提高土壤湿度，增加插条活性，有利于嫁接苗伤口愈合，提高嫁接成活率。

三、秋季扦插

秋季正是月季扦插的好时机，此时又正当月季在生长季节里，用嫩枝扦插时，保护母叶、防止脱落很重要。因为母叶这时承担着插条成活过程中形成愈伤组织、产生不定根及腋芽萌条发叶所需养料供应的任务。所以，保证母叶不脱落，尤其对秋季嫩枝扦插更重要。必须注意的是，一定不能从有病害的母株上剪取插条，而且苗床和介质都要严格消毒杀菌，并能及早见光，做好苗床通风，确保提高月季扦插成活率。

【注意事项】

药剂处理有吲哚乙酸、吲哚丁酸、萘乙酸等。浓度为25～100 mg/kg药剂中浸泡12～24 h或2 000～5 000 mg/kg溶液中速浸3～5 s都能有效地促进枝条生根。注意药剂的浓度和浸泡时间。

【问题处理】

当月季扦插5～10 d，插条上腋芽已萌动或抽条发叶，看上去已经活了，可不久又萎蔫而死亡。要想避免月季扦插"假活"现象的出现，首先在选插条时，不能选择已有萌动芽的枝做插条。其次要想月季插条能先生根后发叶，除了要掌握好适宜的温度和湿度外，还要特别注意的是，使扦插苗床介质的温度比空气温度高1～2℃，这样可以调节插条内部的营养向下端转移，先供下部生根需要，可促使其先生根后发叶。

【考核评分】

月季扦插考核评分表见表 4-5。

表 4-5　月季扦插考核评分(嫩枝扦插)

姓名　　　　　　　班级

序号	考核内容	分值	得分	备注
1	插条的选择:选择半木质化生枝条,2～4 个饱满芽	5		
2	插条的处理:将插条剪成 5～12 cm,切口平滑,上切口剪成平口,距上部芽 1 cm,下切口在节下 0.1～0.3 cm,剪斜口。保留叶片	10		
3	生根剂的配制:天平的使用,量筒的使用	10		
4	基质的处理:河沙过筛、消毒。消毒方法:高温消毒。插床的铺设:插床高 8 cm。插床温度:20～23℃	5		
5	间距:行距 20～30 cm,株距 10～20 cm。扦插深度:插穗长度的 1/3～1/2	10		
6	管理:遮阳,浇水次数和浇水量,消毒 0.01%多菌灵,施肥 0.1%磷酸二氢钾	10		

考核教师:

【知识链接】

月季的植物学特征

月季是直立灌木,高 1～2 m;小枝粗壮,圆柱形,近无毛,有短粗的钩状皮刺。小叶 3～5,稀 7,连叶柄长 5～11 cm,小叶片宽卵形至卵状长圆形,长 2.5～6 cm,宽 1～3 cm,先端长渐尖或渐尖,基部近圆形或宽楔形,边缘有锐锯齿,两面近无毛,上面暗绿色,常带光泽,下面颜色较浅,顶生小叶片有柄,侧生小叶片近无柄,总叶柄较长,有散生皮刺和腺毛;托叶大部贴生于叶柄,仅顶端分离部分呈耳状,边缘常有腺毛。

花几朵集生,稀单生,直径 4～5 cm;花梗长 2.5～6 cm,近无毛或有腺毛,萼片卵形,先端尾状渐尖,有时呈叶状,边缘常有羽状裂片,稀全缘,外面无毛,内面密被长柔毛;花瓣重瓣至半重瓣,红色、粉红色至白色,倒卵形,先端有凹缺,基部楔形;花柱离生,伸出萼筒口外,约与雄蕊等长。果卵圆形或梨形,长1～2 cm,红色,萼片脱落。花期4～9月份,果期6～11月份。

任务五　菊花扦插育苗技术

【任务准备】

①菊花插条,要求无病虫害顶梢完整的菊花枝条。

②扦插基质:如珍珠岩、蛭石、泥炭、河沙。

③扦插工具、药品:剪刀、单面刀、扦插棍、生根粉、洒水壶、穴盘。

【工作环节】

一、菊花插条的选择、插穗的剪取

选10 d前经杀虫杀菌、叶面补充营养的无病虫害带顶梢完整的菊花枝条,用剪刀按8～10 cm剪取备用。

用单面刀切取带顶梢6～8 cm,修剪掉下部叶片,保留顶部1片正叶作为菊花扦插的插穗。

将插穗基部0.5～1 cm浸入浓度为1 000～2 000 mg/kg生根粉1～3 min备用。

二、菊花扦插基质的选择和处理

选干净的珍珠岩、蛭石、泥炭、河沙。按50%蛭石+30%泥炭(过筛)+10%珍珠岩+10%河沙进行混合。用百菌清或甲基托布津600～800倍液对扦插基质进行消毒杀菌。

三、扦插

选用72孔育苗穴盘将处理好的介质装入盘内,装满后轻轻振动穴盘,稍加压实,确保每穴介质饱满,然后用木板刮平即可。

将处理好的菊花插穗插入穴盘,用扦插棍打孔将插穗直立插入1 cm左右。

在育苗棚下将插好菊花的穴盘按每排2盘整齐横放,然后用细孔洒水壶浇足水。

四、管理

对扦插后的菊花苗进行浇水、遮光、叶面肥的调节管理，保证菊苗的伤口正常愈合和生根成苗。

【注意事项】

①用百菌清或甲基托布津600～800倍液对扦插基质进行消毒杀菌。

②注意药剂的浓度和浸泡时间。

【问题处理】

将插穗基部0.5～1 cm浸入浓度为1 000～2 000 mg/kg生根粉1～3 min备用。

【考核评分】

菊花扦插考核评分见表4-6。

表4-6 菊花扦插考核评分(嫩枝扦插)

姓名　　　　班级

序号	考核内容	分值	得分	备注
1	插条的枝条，2～4个饱满芽	5		
2	插条的处理：将插条剪成3～5 cm，保留叶片	10		
3	生根剂的配制：天平的使用，量筒的使用	10		
4	基质的处理：河沙过筛、消毒。消毒方法：高温消毒。插床的铺设：插床高8 cm。插床温度：20～23℃	5		
5	间距：行距20～30 cm，株距10～20 cm。扦插深度：插穗长度的1/3～1/2	10		
6	管理：遮阳，浇水次数和浇水量，消毒0.01%多菌灵，施肥0.1%磷酸二氢钾	10		

考核教师：

【知识链接】

菊花的生物学特征

菊花为多年生草本，高 60～150 cm。茎直立，分枝或不分枝，被柔毛。叶互生，有短柄，叶片卵形至披针形，长 5～15 cm，羽状浅裂或半裂，下面被白色短柔毛，边缘有粗大锯齿或深裂，基部楔形。

头状花序单生或数个集生于茎枝顶端，直径 2.5～20 cm，大小不一，单个或数个集生于茎枝顶端，因品种不同，差别很大；总苞片多层，外层绿色，条形，边缘膜质，外面被柔毛；舌状花，花色有红色、黄色、白色、橙色、紫色、粉红色、暗红色等。培育的品种极多，头状花序多变化，形色各异，因品种而有单瓣、平瓣、匙瓣等多种类型，中心为管状花，常全部特化成各式舌状花。花期9～11 月份。雄蕊、雌蕊和果实多不发育。

菊花为多年生宿根亚灌木。繁殖苗的茎分为地上茎和地下茎 2 部分。地上茎高 0.2～2 m，多分枝。幼茎嫩绿色或带褐色，被灰色柔毛或绒毛。花后茎大都枯死。次年春季由地下茎发生孽芽。菊花叶系单叶互生，叶柄长 1～2 cm，柄下两侧有托叶或退化，叶卵形至长圆形，边缘有缺刻及锯齿。叶的形态因品种而异，可分正叶、深刻正叶、长叶、深刻长叶、圆叶、葵叶、蓬叶和船叶 8 类。菊花的花(头状花序)生于枝顶，径高 2～3 cm，花序外由绿色苞片构成花苞。花序上着两种形式的花：一为筒状花，俗称“花心”，花冠连成筒状，为两性花，中心生 1 雌蕊，柱头 2 裂，子房下位 1 室，围绕花柱 5 枚聚药雄蕊；另一为舌状花，生于花序边缘，俗称“花瓣”，花内雄蕊退化，雌蕊 1 枚。舌状花多形大色艳，形状分平、匙、管、桂、畸 5 类。瘦果(一般称为“种子”)长 1～3 mm，宽 0.9～1.2 mm，上端稍尖，呈扁平楔形，表面有纵棱纹，褐色，果内结 1 粒无胚乳的种子，果实翌年 1～2 月份成熟，千粒重约 1 g。

菊花品种具有极大的多样性，分类工作者们探讨菊花的原祖，或认为野菊是菊花的原始祖先，或认为甘菊是原祖，或认为它的原祖是小红菊，或者列出一系列的可能的原祖名单。中国科学工作者有的还进行过属间杂交实验，在探讨菊花真源方面做了一些推测性和实验性工作。无论推测和实验，都是试图把菊花的来源落实于该属的某一个或某两个种上，并且试图指出，在这些浩瀚的品种中，哪一个品种最为原始，即是说，想找出最原始的菊花品种。

可以肯定，菊花的来源是多方面，是多元而不是单元起源。菊花是异花授粉植物。人们在长期的实践过程中，运用种间，甚至属间杂交的办法，来获取菊花的新性状，并通过返交、互交等有性过程来获得新性状的分离。这样如此返复的遗传重组合和性状的分离，新性状就越来越多。在这个过程中，有意识的人工杂交和随机的自然选择都可以同时出现或交替发生。但是，去劣择优的人工选择过程，却永远起着主导作用。菊花染色体极其有限。仅记录到菊花是6倍体，$2n=54$。菊花新品种产生的另一个可能的途径是体细胞的突变，用固定芽变的办法来获得新品种。

任务六 扦插苗木病虫害防治

【任务准备】

①材料有感染各种病虫害的苗木，如葡萄苗木、月季苗木及菊花苗木。

②掌握植物病虫害的综合防治理念。

【工作环节】

一、葡萄苗期病害防治

葡萄苗期一般就真菌类病害发生，重点防治霜霉病、白粉病。

1. 霜霉病

主要危害叶片，有时在新梢和浆果上发现。真叶染病，叶缘或叶背面初生水浸状圆形小病斑，然后逐渐失绿，变为黄褐色病斑；病斑扩展受叶脉限制，呈多角形，叶背产生一层灰白色霉斑。此病在气温20～24℃，高湿度和寄主体表有水湿的条件下易发生，发病后在2～3周内就大批落叶，使枝蔓不能成熟。

防治措施：①去掉近地面不必要的枝蔓，保持通风透光良好，雨季注意排水，减少园地湿度，防止积水。②发现病叶等摘除深埋，秋季结合冬剪清扫园地，烧毁枯枝落叶。③发病前每半个月喷1次200倍半量式波尔多液，共喷4～5次，可控制此病。发现病叶后喷40%乙磷铝可湿性粉剂200～300倍液，或25%瑞毒霉(甲霜灵)可湿性粉剂1 000～1 500倍液，这是防治霜霉病的特效药。还可以喷58%甲霜锰锌可湿性粉剂600倍液，或75%百菌清可湿性粉剂500倍液，这些药剂应轮换使用。

2. 白粉病

叶片、新梢和浆果都能被害。叶片被害时，先在叶面上产生淡黄色小霉斑，以后逐渐扩大成灰白色，上生白粉状的霉层，有时产生小黑粒点。白粉斑下叶表面呈褐色花斑，严重时病叶卷曲枯死；浆果受害后在果面上覆盖一层白粉，白粉下呈褐色芒状花纹。

防治措施：①及时摘除病果、病叶和腐梢深埋。②改善通风透光条件。③发芽前喷 3～5 波美度石硫合剂，生长期喷 0.1～0.2 波美度石硫合剂，高湿炎热天气要在傍晚喷药，避免发生药害。④发病初期可喷 25%粉锈宁可湿性粉剂 1 500～2 000倍液，或喷水碱液 0.2%～0.5%加 0.1%肥皂水(50 kg 水加 5～10 g 水碱加 50 g 肥皂)，先用少量热水溶解肥皂，再加入配好的碱液内。这些药剂对防治白粉病都有良好效果。

二、月季花苗期病害防治

1. 白粉病

白粉病是一种真菌病害，在高温、通风不良又湿度较高的环境中危害花卉，在嫩叶上出现白粉似的症状，可用 600 倍的粉锈宁喷雾防治。

2. 黑斑病

黑斑病属于真菌病害，主要借风雨传播，多雨、多雾、多露天气有利于孢子萌发，故易于发病。昼暖夜凉、温差大，叶子上有水滴时，适合孢子萌发侵入，用 50%的多菌灵可湿性粉剂 500～1 000 倍液喷洒防治。

三、菊花苗期病害防治

菊花苗期有黑斑病发生。黑斑病主要为害叶片，起初于下部叶片上出现褐色小斑点，后扩展为黑褐色圆形或不规则形病斑，病斑周围有褪绿色晕圈。湿度大时出现小黑点，严重时病斑融合成片，致整个叶片变黄或变黑干枯。一般在夏季多雨时易发病。其防治措施：实行轮作倒茬，忌重茬；提倡春栽，春插菊花比夏插的发病轻；发病初期开始喷洒 50%多菌灵 500 倍液、75%代森锰锌 600 倍液或 50%扑海因 800 倍液等药剂，隔 10～15 d 喷 1 次，视病情防治 3～4 次。

四、扦插苗木虫害防治

虫害一般有介壳虫、蚜虫、红蜘蛛、地下害虫、鼠害。可用呋喃丹、辛硫磷拌苗床土预防地下害虫、施用灭鼠药消灭老鼠。

1. 介壳虫

介壳虫主要有日本龟蜡蚧、褐软蚧、吹绵蚧、糠片盾蚧等，其危害特点是刺吸植株嫩茎、幼叶的汁液，导致植株生长不良，主要是温室内通风不良、光线欠佳所诱发。防治方法：可于若虫孵化盛期，采用浇灌或根埋呋喃丹等药剂，或用 25%的扑虱灵可湿性粉剂 2 000 倍液喷杀。

2. 蚜虫

蚜虫主要为棉蚜、桃蚜等，它们刺吸植株幼嫩器官的汁液，为害嫩茎、幼叶、花蕾等，严重影响到植株的生长和开花。防治方法：及时用10%的吡虫啉可湿性粉剂1 000～1 500倍液喷杀。

3. 红蜘蛛

红蜘蛛在东北约年生12代，以成螨、若螨群集于叶背刺吸汁液为害，并结成丝网。每一雌螨可产卵50～120粒，高温干旱季节发生猖獗，常导致叶片正面出现大量密集的小白点，叶片泛黄、带枯斑。防治方法：对红蜘蛛在初期进行防治，用40%氧化乐果1 000倍液或50%马拉硫磷乳油1 000倍液，隔7 d喷1次，连喷2次。或者用1.8%的阿维菌素乳油3 000～4 000倍液防治。

【注意事项】

植物病虫害的防治应遵循“综合防治”的原则，以药剂防治为辅助措施，尽量采取农业防治、生物防治和物理防治方法，减少农药对环境的污染。

【问题处理】

①农药在长期使用过程中会产生抗药现象，即病菌或害虫对某种杀菌剂或杀虫剂产生抵抗力，具备耐药性。因此，药剂防治时建议各种药剂轮换使用，如果低浓度的药液能够消灭病虫害，不要使用高浓度。

②化学药剂防治害虫时，在主要为害世代使用。

复习思考题

1. 扦插都有哪些方法？
2. 月季扦插注意事项有哪些？
3. 菊花的扦插怎样操作？
4. 葡萄硬枝扦插的插条怎样处理？
5. 葡萄硬枝扦插应注意哪些问题？
6. 怎样处理月季扦插“假活”现象？
7. 简述全光照喷雾扦插方法。
8. 促进插穗生根的方法有哪些？
9. 扦插苗的病虫害防治应注意哪些问题？

项目五　营养钵育苗技术

知识目标　理解育苗容器和基质。
理解各种环境因子对育苗的影响。
掌握营养钵育苗技术知识。

技能目标　掌握营养钵基质的配制方法。
掌握基质消毒方法。
能对苗期环境进行调控。
能熟练进行营养钵育苗操作。

项目流程　育苗的工艺流程为基质准备→种子处理→营养钵装填→播种→覆土→出苗→苗期管理。

任务一　营养钵育苗的设施设备

【任务准备】

①不同规格的塑料营养钵。

②各种类型的育苗基质：草炭土、山皮土、园田土、珍珠岩、河沙、蛭石、炉渣、马粪、猪粪、鸡粪。

③工具：手铲、铁锹、筛子。

【工作环节】

一、育苗钵

用于番茄、黄瓜等果菜类早熟栽培蔬菜的育苗钵，直径一般为 8～10 cm，高 6～10 cm；用于白菜等叶菜类蔬菜的育苗钵，直径一般为 5 cm，高 4～5 cm；林木苗钵的直径一般为 5～10 cm，高 8～20 cm。

二、营养土配方

草炭土∶山皮土∶马粪∶蛭石∶河沙=3∶2∶3∶1∶1，将所需要的基质过筛，按照配方比例进行混配。

三、基质消毒

将营养土放在蒸锅里蒸，上汽后蒸 30 min，可杀灭所有病虫害及杂草种子，晾凉后使用。

四、营养钵消毒

首先彻底清洗营养钵，然后使用较为安全的季铵盐类消毒剂喷施，经过彻底清洗并消毒的营养钵亦可以重复使用。

【注意事项】

①对于基质应考虑来源，及时进行消毒处理，消毒时应注意安全。

②育苗容器在使用后，应及时消毒，消毒用的药剂要注意使用浓度和使用量，注意安全，防止中毒。

【问题处理】

1. 营养钵消毒方法

经过彻底清洗并消毒的营养钵，亦可以重复使用，可以使用较为安全的季铵盐类消毒剂，也可以用于灌溉系统的杀菌除藻，避免其中细菌和青苔滋生。不建议用漂白粉或氯气进行消毒，因为氯会与穴盘中的塑料发生化学反应产生有毒的物质。

2. 基质消毒方法

每立方米播种土壤用50%多菌灵可湿性粉剂 40 g 或 65%代森锌可湿性粉剂 60 g，与土拌匀后用塑料薄膜覆盖 2～3 d 后，揭去塑料薄膜，药味挥发后使用。也可用开水消毒或用 0.1%高锰酸钾溶液消毒。

任务二 营养钵育苗技术

【任务准备】

①不同规格的塑料营养钵。

②育苗基质：草炭土、山皮土、河沙、蛭石、马粪。

③材料：苗盘、复合肥、农药。

【工作环节】

一、基质准备

营养土配方为草炭土∶山皮土∶马粪∶蛭石∶河沙＝3∶2∶3∶1∶1，将所需要的基质过筛，按照配方比例进行混配。

二、营养土消毒

按每立方米营养土壤用50％多菌灵可湿性粉剂40 g称量农药，然后与土拌匀后用塑料薄膜覆盖2～3 d后，揭去塑料薄膜，药味挥发后使用。配制0.1％高锰酸钾溶液，然后用0.1％高锰酸钾溶液消毒。

三、营养钵装填

用配制好的营养土装填营养钵。

四、播种

在播种时把药土铺在种子下面和盖在上面进行消毒，能有效地抑制猝倒病的发生。每平方米苗床用25％甲霜灵可湿性粉剂9 g加70％代森锰锌可湿性粉剂1 g。加入过筛的细土4～5 kg，充分拌匀。浇水后，先将要使用的1/3药土撒匀，接着每个营养钵播1粒种子，播种后将剩余的2/3的药土撒在种子上面，用药量必须严格控制。上述药量对有些花卉种类的出苗和籽苗生长也可明显看出有一定的抑制作用，如鸡冠花。但随着苗的生长抑制作用变小。也可用市场出售的其他一些杀土壤病菌的药剂如此防治。

五、覆土

也可以用过筛的细土，覆盖种子。

六、出苗

子叶露出，一直到真叶显现。

七、苗期管理

室内育苗的设法提高地温到20℃以上，播种时浇水要适量，播种密度不宜过大，出苗后充分见光。对容易得猝倒病的种类或缺乏育苗经验的可条播，种子不是特别小的点播。籽苗太密又不能分苗的应适当间苗。发现有病的苗后及时剔除，并用药物治疗。发病后马上分苗，能非常有效地防止病害蔓延，分苗时认真剔除病苗。

【注意事项】

"带帽"出土是指子叶带种皮出土的一种现象，出土时种子的两个种皮夹住子叶，使子叶不易张开。它对籽苗的生长影响很大。原因是种子上面覆土太薄，细土的重力不足以脱去种壳，另外将种子垂直播种在土壤中也容易发生这种现象，葫芦科的种子、百日草、小丽花、蜀葵、观赏辣椒、乳茄等种子都容易"带帽"出土。看见有"带帽"出土的马上覆盖细土；如已长高了不宜再覆土，早晨用喷雾器喷雾，使种皮湿润后用手轻轻地脱去。

【问题处理】

籽苗出土后很快死掉了一部分或者全部。死苗主要有以下原因：猝倒病、立枯病导致死苗；地下害虫咬食根系，或蝼蛄、蚯蚓等在土壤中活动造成纵横交错的隧道，使根系脱离土壤；农家肥在温室内迅速发酵产生的有害气体和煤烟达到一定浓度时能熏死幼苗；在育苗的土壤里或水里误混入除草剂，使用过除草剂的工具没清除干净又用来浇水；土壤里的肥太多或没发酵，尤其禽粪太多或没发酵容易导致死苗。

任务三　番茄营养钵育苗技术

番茄是喜温的果菜类蔬菜，它不耐霜冻，也不耐高温，露地栽培要求日平均气温在15℃以上。在我国，由于各地气候条件的不同，栽培的季节也不相同。东北及高寒地区，以夏季栽培为主；长江流域地区，在春、秋两季栽培；华南地区则以秋、冬季栽培为主。所以番茄的育苗方式、育苗时间、苗龄长短等在各地都存在一定的差异。春季栽培时，为了提早供应和增加产量，均利用保护设施进行增温育苗。而夏、秋季栽培的，要避免高温、干旱，育苗采用遮阳降温的方式。因此，育苗的技术措施或管理的重点就有区别。

【任务准备】

①不同规格的塑料营养钵。

②育苗基质：草炭土、山皮土、河沙、蛭石、马粪。

③材料：番茄种子、苗盘、复合肥、农药。

【工作环节】

一、营养土的配制

1. 营养土的组成

(1)土壤　要求是大田土或葱蒜茬土,或3～4年内没有种植过茄果类蔬菜的土壤。

(2)有机肥　提供完全且比较持久的养分,兼起到疏松土壤的作用。

(3)疏松填充物　增加床土的疏松透气性,如腐熟马粪、草炭土、珍珠岩、沙子、炉渣等,炉渣颗粒以3 mm为宜。

(4)速效肥　保证养分的充足快速供给。包括各类合格化学肥料,以过磷酸钙为主。

2. 营养土的配方

采用过筛的田土1/2、腐熟马粪或草炭土或堆肥等腐熟的有机肥1/2,土壤过于黏重时加入一些炉灰和沙子,按每立方米加入过磷酸钙0.5～1 kg、尿素20～30 g、硫酸钾0.5～1 kg或草木灰5～10 kg,65%代森锌粉剂60 g,配合均匀后过筛去掉颗粒物。然后用塑料薄膜密封3 d,再揭薄膜晾晒3 d,待床土没有药味后即可。

二、育苗器的消毒

对于多次使用的育苗器具(育苗盘和营养钵),在育苗前应对其消毒。用0.1%高锰酸钾溶液喷淋或浸泡育苗器具。

三、装土

选择地势较高,排水较好的地块做苗床,床面要平整。选用8 cm×8 cm的营养钵,装土时营养土表面要距离钵沿2～3 cm,以便浇水时能储存一定水分。将营养钵整齐地摆放在苗床上,相互挨紧,钵与钵之间不要留空隙,以防浇水时冲倒营养钵。

四、播种方法

种子在播种前首先进行选种,用筛子或盐水选出颗粒大、成熟度好的种子。

1. 浸种催芽

番茄的浸种多采用温汤浸种,方法是将50～60℃的热水放在干净、没有油渍的容器中,再将种子慢慢倒入,随倒随搅,并随时补充热水。保持55℃水温10 min

之后，加入少许冷水，搓洗干净后捞出，放在25～30℃的清水中继续浸种4～5 h。温汤浸种不仅能促进种皮吸水，还具有杀菌防病的作用。但一定要注意掌握好水温和时间，并不停搅动，否则会烫伤种子，影响发芽。

将浸种后的种子捞出，用干净纱布包好，控去多余水分，放到催芽箱或温室内，在温度28℃左右催芽，每隔5～6 h翻动1次，使种子里外温度均匀，经过24 h后种子开始萌动。将刚萌动的种子放在0～2℃的低温下10～12 h，进行低温处理（以提高秧苗的抗寒质量），再放到20～25℃条件下继续催芽，经1～2 d种子均可发芽。

2. 播种

播种时把准备好的基质调试好pH，装入育苗盘压实铺平，基质表面离盘边约1 cm，不要装得太满。基质装盘后随之浇水，使含水量达饱和程度。将浸泡好的种子均匀地撒播于基质上，上面覆盖1 cm左右厚的基质并轻压一下，浇足水。播种密度以10～15 g为宜，一般30 cm×40 cm的苗盘可保苗300～400株。

采用营养钵育苗，播种前1 d需要浇足底水，播种时每钵1粒种子，种子平放在营养钵中心，播种后覆盖土1 cm左右。

盖土后立即用地膜（冬季）或遮阳网（夏季）覆盖营养钵，保湿、保温。

五、播种后的管理

播种后4～5 d幼苗开始出土，70%幼苗出土后应及时揭掉覆盖物，防止徒长苗形成，保证幼苗正常生长。出苗前尽可能不浇水，以防表面土壤板结；浇水较多易诱发猝倒病，需尽早预防。

1. 子叶出土后到真叶破心期

在子叶出土后立即降低地温和气温，地温降到18℃左右，白天气温20～25℃，夜间气温15℃左右。白天尽量增加光照，使子叶快速绿化，如果白天弱光加上夜间高温，不仅加剧徒长，而且容易导致猝倒病的发生和蔓延。

2. 分苗

番茄育苗以分一次苗为好。用苗盘播种，小苗密度大，播种基质疏松，拔苗时不伤根，分苗于营养钵内，地温有保证，宜早分苗。选用上口直径8～10 cm、高8 cm的育苗钵，分苗后要及时浇水，水量不宜大，用喷壶浇透水。

分苗后，在缓苗期间，要使营养钵保持较高的温度，以利于发根缓苗。白天气温25～28℃，夜间不低于15℃，地温20℃，一般不要放风。如果是冬季育苗，要经常保持覆盖物的清洁，草帘尽量早揭晚盖，日照时数控制在8 h左右。阴天也要正常揭盖草帘，尽量增加光照的时间。

分苗后 5 d 左右，幼苗新叶变嫩，心叶伸长，表示已经发根成活，恢复生长，应放风逐渐降温。白天气温可维持在 20～25℃，夜间控制在 10～15℃，地温不低于18℃。为了使秧苗生长一致，在这期间，把小苗放在温度较高的地方，把大苗放在温度较低的地方，称之为“倒苗”。

3. 肥水管理

营养土配制时施入的肥料充足，整个育苗期可不用肥料，如果发现幼苗叶片颜色变浅，出现缺肥症状时，可喷施质量有保证的磷酸二氢钾 500 倍液。

苗期要防干旱，保持营养土见干见湿，若缺水就要及时浇透水。发现病害及时喷药，为防止幼苗徒长，可在 2～3 片真叶时，叶面喷洒 0.1%～0.2%的矮壮素或0.15%～0.2%的磷酸二氢钾溶液 2～3 次。

苗龄 55～60 d，6～7 片真叶时即可定植。

六、病虫害防治

每次上午施完肥后，下午可以打农药，打药时温度要在 30℃以下，打药以预防为主。

番茄苗期的病害有猝倒病、立枯病、早疫病、灰霉病、晚疫病、根腐病、叶斑病等。虫害有白粉虱、蚜虫、斑潜蝇、蝼蛄、蛴螬。

（一）番茄秧苗常见病害及防治

1. 猝倒病

在小苗期 1～2 片真叶时最易受害，致病微生物是真菌。病株茎部近地面处开始呈水渍状，以后退绿变黄，患病部位收缩变细而引起倒伏，发病时往往秧苗成片折倒。环境潮湿时，病苗及附近土面产生明显的白色绵毛状菌丝。病菌随病株残体在土壤中或腐殖质中腐生过冬，可以在土壤中长期存在。在 15～16℃的温度环境中病菌繁殖较快，但地温较低时也能生存、致病。育苗床温度低（10℃左右）、湿度大（相对湿度 90%以上）、秧苗拥挤、光照弱时容易发病。

2. 立枯病

本病病原菌为真菌。幼苗发病时，茎接近地面处出现椭圆形褐色病斑，病部软化收缩变细后折倒，病苗根部腐烂。较大的秧苗发病后，初期白天萎蔫，夜晚恢复，经过一段时间全株枯萎，即使病苗不死亡，结果也少，产量低。

在温暖湿润的环境里，病苗及其附近的土面产生少量淡褐色菌丝，内有褐色大小不等的菌核。菌丝和菌核在病株残体和土壤中过冬传播。病原菌发育的最适温度是 18～27℃，一般可在土壤中生存 2～3 年。病菌从伤口或直接从表皮侵入幼苗的茎部和根部，引起发病。在湿度大、通风不良的苗床中容易发病。

3. 番茄早疫病(轮纹病)

秧苗常在接近地面的茎部开始发病，发病初期，茎部颜色褪绿，后来呈黑褐色棱形病斑，病情严重时，秧苗茎部布满黑褐色病斑。叶上病斑初为针状大小，扩大后近圆形，褐色，边缘深褐色，有明显的同心轮纹。潮湿环境中，在病斑上面产生黑色绒毛状霉层，病原菌为真菌。

病菌主要随病株残体在土壤中越冬传播，种子也可带菌传播。棚室气温 15℃左右，相对湿度 80%以上即可发病；温度 20～25℃，苗床内通气透光不良，移苗时损伤茎部，遇多雨天气，叶面结露病情迅速发展。

4. 番茄晚疫病

番茄的整个生育期内都可以感病，主要为害叶片、茎秆、花蕾和青果。一般从中、下部开始发病，叶片从叶缘开始发病，出现暗绿色水渍状不规则斑点，病健部交界不明显，病斑由叶片向主茎发展，造成主茎变细呈现黑褐色。病原菌是疫霉菌，以卵孢子和厚垣孢子以及菌丝体在病残体、土壤中越冬。孢子萌发最适温度 18～22℃，高湿是病害快速蔓延的重要条件。晚疫病有时与番茄灰霉病一起混发。

5. 灰霉病

本病不仅为害番茄，也为害辣椒、茄子、黄瓜、甘蓝、莴苣等蔬菜幼苗。苗期及整个生长期都可能发病。苗期发病时，病菌先在子叶尖端及嫩梢部分侵入，进而扩展到茎部，出现褐色或暗褐色病斑，呈水渍状腐烂。

灰霉病是由葡萄孢霉真菌传染引起的，在环境潮湿时，病苗上能看到灰色菌丝和霉层，菌丝能结成粒状菌核。病菌以分生孢子或菌核，在温室、大棚的架条、草帘子等上过冬，条件适宜时由分生孢子飞散传播。适宜灰霉病发病的温度为 15～20℃，当温度合适、叶面有水滴存在的条件下，病菌孢子萌发产生芽管，侵染生长较弱的幼苗，生长健壮的幼苗发病率降低。

6. 病害防治

(1)猝倒病和立枯病　25%甲霜灵可湿性粉剂 800 倍液，70%代森锰锌可湿性粉剂 500 倍液等，每 7～10 d 喷 1 次，连续 2～3 次。

(2)叶斑病　500 倍百菌清，500～800 倍代森锰锌、800 倍甲基托布津。

(3)早疫病(轮纹病)　番茄秧苗 4～5 片真叶以后，容易徒长发病，要及时喷药保护。可喷洒 0.2%～0.25%石灰等量式波尔多液，或 80%代森锌 700～800 倍液，每 7～10 d 喷药 1 次，连续喷洒 2～3 次。

(4)灰霉病　注意苗期通风排湿，保持覆盖清洁，增加透光率；及时清除病株，用 50%速克灵可湿性粉剂 1 200 倍液于发病初期喷雾，7～10 d 喷 1 次，共喷 2～3 次。若棚内湿度大或阴雨天时，改用速克灵烟雾剂熏棚，即可收到理想效果。也可以用50%扑海因可湿性粉剂800倍液或70%甲基托布津1 500～2 000倍液喷雾防护。

(5)沤根　是由长时间低温、多湿和光照不足造成的苗期生理病害，育苗的各种蔬菜如茄果类、瓜类蔬菜都可能发生。地温持续较长时间低于12℃，浇水过量、床土过湿、连续阴雨、苗床通风不良等均能引起发病。沤根的症状是不发新根，根皮发锈腐烂，地上部萎蔫，苗易拔起，叶缘枯焦。有效防治措施是育苗期间防止土温偏低，注意通风排湿。如已发生沤根，应进行松土，提高地温至16℃左右，暂停浇水，促进尽快发生新根。

(二)害虫种类及防治

1. 蛴螬

蛴螬是金龟子的幼虫。头部红褐色或黄褐色，胸腹部乳白色，表面多皱纹，有3对胸足，身体常弯曲成“C”形，能在被害植物根旁的土中找到。蛴螬在床土内取食萌发的种子，咬断幼苗的根和茎，断口整齐。虫咬的伤口易引起病菌侵入，诱发病害。蛴螬在土温5℃以下停止活动，开始越冬；春秋季温床内10 cm土壤温度23～30℃，土壤含水量为15%～20%时活动频繁，危害就重；土壤干燥时它向较深土层移动，危害暂停。

2. 蝼蛄

蝼蛄成虫体褐色，全身密布细毛。前足为开掘足，前翅较短，后翅较长。若虫初孵化时体乳白色，伴随成长，头胸部及足变成褐色，腹部淡黄色，体形似成虫。

蝼蛄的成虫和若虫在床土中咬食刚播下的种子，或把幼苗嫩茎咬断，或将茎的基部咬成乱麻状，造成幼苗凋萎或发育不良。由于蝼蛄在土壤里活动造成空洞，常使秧苗的根部与土壤分离，造成秧苗失水干枯死亡。蝼蛄在土温8℃以上开始活动，12～26℃为活动盛期。温暖湿润，多腐殖质的壤土或沙壤土，以及用堆过栏肥或垃圾的地方作为苗床基地，蝼蛄较多，秧苗受害也重。

3. 蚜虫

蚜虫往往密集在嫩叶背面或嫩梢上吸食汁液，使叶皱缩发黄，秧苗矮小，生长停滞，还能传播病毒病。以春季发生较多，但冬季若温暖，蚜虫也会从十字花科菜田，迁飞到苗床内为害，最适繁殖温度是16～22℃，气候干旱蚜虫为害严重；经常通气，苗床内温度较低，相对湿度在75%以上，蚜虫发生少。

4. 斑潜蝇

斑潜蝇别名蔬菜斑潜蝇，在全国设施蔬菜种植基地均有发生。幼虫孵化后潜食叶肉，呈曲折蜿蜒的食痕，苗期2～7叶受害多，严重的潜痕密布，致叶片发黄、枯焦或脱落。虫道的终端不明显变宽，这是该虫与南美斑潜蝇、美洲斑潜蝇相区别的一个特征。为害葫芦科、十字花科等蔬菜。嗜食番茄、瓜类、莴苣和豆类，是高杂食性害虫。

斑潜蝇幼虫蛆状，初孵无色，渐变黄橙色，老熟幼虫长约 3 mm。斑潜蝇在北方地区不能自然越冬，但可在加温或日光温室内繁殖为害，并为春季大棚和露地蔬菜提供虫源。从春到秋发生数量逐渐上升，在保护地果菜栽培，一旦斑潜蝇传入，常可造成严重危害。

5. 温室白粉虱

温室白粉虱主要为害区在北方。瓜类、茄果类、豆类等蔬菜和草莓受害最重。成虫、若虫群集叶背吸食汁液，分泌蜜露诱发煤污病，被害叶片褪绿、变黄，植株生长衰弱甚至萎蔫死亡，还可传播某些植物病毒病。

白粉虱在温室条件下一年可发生 10 余代，有世代重叠现象。在北方露地冬季寒冷和寄主植物枯死的情况下不能存活。各虫态在温室的蔬菜、花卉上持续繁殖为害，无滞育或休眠现象。

6. 虫害防治

(1)物理防治　保护地内使用黄色粘板诱杀蚜虫、白粉虱、斑潜蝇等成虫。

(2)生物防治　释放姬小蜂、潜蝇茧蜂等寄生蜂，这两种寄生蜂对斑潜蝇寄生率较高。

(3)化学防治

①蚜虫和白粉虱：吡虫啉 1 000 倍液，或用 25%稻虱净兑水 1 500 倍防治，防治白粉虱还可以用 25%灭螨猛可湿性粉剂 1 000 倍液。

②斑潜蝇：加强检疫，虫害发生时用 48%乐斯本乳油 800～1 000 倍液、高效氯氰菊酯 1 000～1 500 倍液、75%拉维因粉剂 3 000 倍液，或 1.8%爱福丁乳油 2 000 倍液在发生高峰期 5～7 d 喷 1 次，连续防治 2～3 次。

③蝼蛄：毒饵诱杀，方法是将豆饼、棉仁饼或麦麸 5 kg 炒香，用 90%敌百虫或 50%辛硫磷乳油 150 g 兑水 30 倍液拌匀。结合播种，亩用毒饵 1.5～2 kg 撒入苗床，并能兼治蛴螬。

七、炼苗

炼苗在定植前 7～10 d 进行。

①白天逐步加大通风量，逐步揭除覆盖物，保持 18～20℃；夜间停止加温，夜温保持 5～8℃，以适应外界环境条件。

②适当控制水分，以增加秧苗干物质含量，提高植株的抗逆能力。

③促发新根。定植前 3～4 d，夜间不再盖覆盖物，使秧苗逐步适应露地环境；

施1次肥水,促发新根,利于定植后成活。

八、番茄壮苗标准

从外观形态看,茎短粗,节间短,苗高不超过20～25 cm,茎上茸毛多,呈深绿带紫色,具有7～9片真叶,已能看到第一花穗的花蕾。

叶色深绿且有光泽,叶片厚实,茸毛多,叶舒展,呈手掌状。根系发达,侧根数量多,呈白色。全株发育平衡,无病虫害。

【注意事项】

①控制好番茄苗的分苗时间,苗龄过小操作不便,苗龄过大往往会影响第一花序花芽的正常分化。

②分苗至营养钵后,分苗水要浇足,因其水分蒸发快。

【问题处理】

由于播种质量以及棚室内光照强度不均衡等原因,导致番茄幼苗生长不一致、产生大小苗现象。番茄育苗的播种技术要求:底水足,播种均匀,覆土厚度合适,床土无病菌,地温适宜。分苗后进行"倒苗"1～2次。

【知识链接】

番茄的生物学特征

一、对环境条件的要求

番茄具有喜温、喜光、耐肥及半耐旱的生物学特征。

番茄是喜温蔬菜,在正常条件下,同化作用最适宜的温度为20～25℃,温度降至10℃时,植株停止生长;温度上升至30℃时,同化作用显著降低,温度升高至35℃以上时,开花、坐果受到影响。种子发芽的适温为28～30℃,最低发芽温度为12℃左右。幼苗期白天的适温为20～25℃,夜间为10～15℃。在育苗期往往利用番茄幼苗对温度适应性较强的特点,设置一定条件进行抗寒锻炼,可以使幼苗忍耐较长时间6～7℃的温度,甚至耐短时间-3～0℃的低温。

番茄是喜光作物,光饱和点为70 000 lx。在育苗期间必须保证良好的光照条件,一般应提供30 000～35 000 lx以上的光照强度,才能维持其正常的生长发育。番茄是短日照植物,花芽分化过程中基本要求短日照,但要求并不严格。

番茄秧苗根系比较发达,吸水力较强,为避免徒长和发生病害,土壤和空气湿度不宜太高,土壤湿度以田间持水量的60%左右为宜,要求空气相对湿度60%～70%。床土pH以6～7为宜。

二、秧苗生长发育特点

番茄生产上的苗期是指从播种到定植，通常分为 3 个时期。

从种子吸水萌动到第 1 片真叶出现（露心）为发芽期。发芽期的顺利完成主要决定于温、湿度，通气等条件及播种覆土厚度。这一时期种子吸水萌发要求的温度是 25～30℃，含氧量在 10%以上。

从真叶露心至 2～3 片真叶展开（开始花芽分化）为基本营养生长期。种子发芽后，最初根系生长占较大优势，秧苗一般平均每 4～5 d 展开 1 片真叶。子叶与展开的真叶所形成的一种激素——成花激素，对番茄花芽分化有明显的促进作用，因此，子叶、真叶的大小直接影响花芽分化的数目及质量。所以，培育肥厚、深绿色的子叶及较大的一两片真叶面积是培育壮苗不可忽视的基础。

花芽开始分化至现蕾（定植）为秧苗迅速生长期。这一时期营养生长与生殖生长同时进行，主要还是根、茎、叶营养生长，而且叶面积和株幅扩大较迅速。

任务四　万寿菊营养钵育苗技术

【任务准备】

①规格 10 cm 直径的塑料营养钵。

②育苗基质：草炭土、山皮土、河沙、蛭石、马粪。

③万寿菊种子。

【工作环节】

1. 基质准备

营养土配方为草炭土：山皮土：马粪：蛭石：河沙＝3：2：3：1：1，把所需要的基质过筛，按照配方比例进行混配。

2. 营养土消毒

用 0.1%高锰酸钾溶液消毒。

3. 营养钵装填

用配制好的营养土填装营养钵。

4. 播种

多数品种早春播种育苗时需 70～80 d 开花，夏季育苗 50～60 d 开花。春季当第 1 朵花（不摘去生长点）直径到 4 cm 左右时，达到当前市场比较受欢迎的标准，多数杂交品种需用 80～90 d 育出。苗床播种量 30 g/m^2 左右。

在播种时把药土铺在种子下面和盖在上面进行消毒能有效地抑制猝倒病的发生。每平方米苗床用25%甲霜灵可湿性粉9 g加70%代森锰锌可湿性粉1 g。加入过筛的细土4～5 kg,充分拌匀。浇水后,先将要使用的1/3药土撒匀,接着每个营养钵播1粒种子,播种后将剩余的2/3的药土撒在种子上面,用药量必须严格控制。

5. 覆土

种子上面覆盖1 cm左右药土。

6. 出苗

子叶露出,一直到真叶显现。

7. 苗期管理

室内育苗要设法提高地温到20℃以上;播种时浇水要适量;播种密度不宜过大,出苗后充分见光。种子点播。发现有病的苗后及时剔除,并用药物治疗。控制地温21～22℃。土壤水分适中控制。成苗时氮肥不宜过多。定植前5～7 d降温,大通风,适度控水炼苗。

8. 病虫害防治

①万寿菊苗期病害主要有猝倒病、立枯病、黑斑病、根腐病等。采用苗菌敌药剂防治猝倒病和立枯病。

根腐病致幼苗根部和根茎浅褐色至深褐色腐烂,后期多呈糟朽状,其维管束变褐色,但不向上发展,有别于枯萎病。初发病时菜苗中午萎蔫,后因不能恢复而枯死。当苗床连茬,床土潮湿,局部积水,施用未腐熟的肥料,地下害虫或农事作业造成伤根等情况时,病害发生重。防治方法:用75%敌克松可湿性粉剂800倍液,或10%双效灵水剂200～300倍液喷洒苗床。

②万寿菊苗期虫害主要有蚜虫。蚜虫主要为万寿菊管蚜、桃蚜等,防治方法:及时用10%的吡虫啉可湿性粉剂1 000～1 500倍液喷杀。

【注意事项】

育苗容器和基质在使用后,应及时消毒,消毒用的药剂注意使用浓度和使用量,注意安全,防止中毒。

【问题处理】

出苗不整齐。主要有两种情况,一是苗床上有的地方出苗多,有的地方出苗少,原因是浇水不匀或播种不匀,或在电热温床上放育苗钵时,万寿菊靠近电热温床四周的开始出苗少,里侧的出苗多,只要将育苗盘转个,即旋转180°就可以解决。二是出苗时间不一致,断断续续地出苗,先出苗的都开始现真叶了,后出苗的才拱土,这是由于种子的发芽势不一致,如新陈种子混在一起、种子的成熟度不一样、陈种子造成的。个别的花卉种子本身也有出苗不整齐的特性。

【知识链接】

万寿菊的植物学特征

万寿菊是一年生草本，高 20～90 cm；茎直立，粗壮，具纵细条棱，分枝向上平展；叶羽状分裂，长 5～10 cm、宽 4～8 cm，裂片长椭圆形或披针形，边缘具锐锯齿，上部叶裂片的齿端有长细芒；沿叶缘有少数腺体。

万寿菊花头状花序单生，径 5～8 cm，花序梗顶端棍棒状膨大；总苞长 1.8～2 cm，宽 1～1.5 cm，杯状，顶端具齿尖；舌状花黄色或暗橙色；长 2.9 cm，舌片倒卵形，长 1.4 cm，宽 1.2 cm，基部收缩成长爪，顶端微弯缺；管状花，花冠黄色，长约 9 mm，顶端具 5 齿裂。花期 6～10 月份。

万寿菊果实是瘦果，线形，基部缩小，黑色或褐色，长 8～11 mm，被短微毛。冠毛有 1～2 个长芒和 2～3 个短而钝的鳞片。

任务五 一串红营养钵育苗技术

【任务准备】

①不同规格的塑料营养钵。

②各种类型的育苗基质：草炭土、山皮土、园田土、河沙、蛭石、炉渣、马粪、猪粪、鸡粪。

③一串红种子。

【工作环节】

一、基质准备

营养土配方为草炭土∶山皮土∶马粪∶蛭石∶河沙＝3∶2∶3∶1∶1，把所需要的基质过筛，按照配方比例进行混配。

二、营养土消毒

按每立方米营养土壤用 50％多菌灵可湿性粉剂 40 g 称量农药，然后与土拌匀后用塑料薄膜覆盖 2～3 d 后，揭去塑料薄膜，药味挥发后使用。

三、营养钵装填

用配制好的营养土装填营养钵。

四、浸种

用清水浸种 5 h。

五、播种

一般在 3～6 月份播种。种子较大，1 g 种子 260～280 粒。发芽适温为 21～23℃，播后 15～18 d 发芽。若秋播可采用室内盘播，室温必须在 21℃以上，发芽快而整齐。低于 20℃，发芽势明显下降。

六、覆土

一串红为喜光性种子，播种后不需覆土，可用轻质蛭石摆放种子周围，既不影响透光又起保湿作用，可提高发芽率和整齐度，一般发芽率达到 85%～90%。

七、出苗

子叶露出，一直到真叶显现。

八、苗期管理

一串红对温度反应比较敏感。种子发芽需 21～23℃，温度低于 15℃很难发芽，20℃以下发芽不整齐。幼苗期在冬季以 7～13℃为宜，3～6 月份生长期以13～18℃最好，温度超过 30℃，植株生长发育受阻，花、叶变小。因此，夏季高温期，需降温或适当遮阳来控制一串红的正常生长。长期在 5℃低温下，易受冻害。

一串红是喜光性花卉，栽培场所阳光充足对一串红的生长发育十分有利。若光照不足，植株易徒长，茎叶细长，叶色淡绿，如长时间光线差，叶片变黄脱落。如开花植株摆放在光线较差的场所，往往花朵不鲜艳、容易脱落。对光周期反应敏感，具短日照习性。

一串红要求疏松、肥沃和排水良好的沙质壤土。而对用甲基溴化物处理土壤和碱性土壤反应非常敏感，适宜于 pH 5.5～6.0 的土壤中生长。

一串红喜暖、好阳，适于生长在肥沃的土壤上，不耐寒，经霜冻就枯萎，故在中国作为一年生花卉栽培。较耐热，最适温度为 20～25℃，15℃以下叶片黄化、脱落，10℃以下受冻，并可导致死亡，在岭南地区可露地越冬，华中可在温室越冬。在华南地区栽培得当，可四季开花，在生产上常年采取如下措施，可达到人们的预期花期。

育苗的中后期如有缺肥症状，可用氮、磷、钾复合肥3 000倍液浇灌几次，一般浇1次肥水，以后再浇2次清水。一串红对土壤中过高的盐离子浓度非常敏感，在用土壤成苗时施肥也不要太多。土壤水分适中控制。

九、病虫害防治

（一）病害防治

一串红的苗期病害主要有猝倒病、立枯病、花叶病、疫霉病。

1. 花叶病

花叶病是一串红最常见的病害，全国各地均有发生。植株感病后，叶片主要表现为深浅绿色相间的花叶、鲜黄和淡绿色斑驳、叶片变小，严重时叶片皱缩不平、呈蕨叶症状，植株矮化，花朵少，严重影响观赏效果。一串红花叶病是由病毒侵染引起的，主要病原是黄瓜花叶病毒、其次有烟草花叶病毒、一串红黄脉花叶病毒等多种类型。

花叶病的防治方法如下。

(1)加强管理　及时清除苗圃周围的杂草，以减少侵染源，发现病株应及时拔除烧毁或深埋。

(2)药剂防治　发病初期可喷20%病毒灵400倍液2～4次，或1.5%植病灵乳剂1 000倍液，或20%病毒A可湿性粉剂500倍液，每10 d喷1次，可有效地控制病害蔓延。

(3)消灭蚜虫　各种蚜虫能起到传播病毒的作用，所以杀虫防病是控制该病发生和蔓延的重要措施。杀蚜虫药剂可选用1.8%阿维菌素（虫螨克）3 000～4 000倍液，10%吡虫啉可湿性粉剂2 000倍液喷雾防治，或90%敌百虫1 000倍液防治。

2. 疫霉病（疫病）

疫霉病（疫病）属于真菌病害，一串红疫霉病主要为害茎和枝条，也为害叶片和叶柄。病害开始多发生在离地面1～2 cm的分权处或茎节处，病部初期呈水渍状、暗绿色不规则病斑，后期病斑呈黑褐色，无明显边缘。病害迅速发展到茎中部或顶端时均出现大的黑色斑块，甚至使整个枝条都呈黑色，一旦病斑环绕主茎，其上部迅速萎蔫死亡。叶片病斑多发生在叶缘或叶基部，为近圆形或不规则形的水渍状暗绿色大斑，边缘不明显，潮湿时病部产生稀疏白色霉状物。

疫霉病（疫病）的防治方法如下。

①高温多雨期注意及时排出积水和倒盆，浇水时避免将泥土溅到茎叶上。

②盆花摆置不宜过密，保证植株间通风透气，遇烈日曝晒时尽量架设遮阳网减少强光直射。

③发现病株及时拔除销毁，病区用 70%五氯硝基苯（5～10 g/m²）消毒土壤，防止扩大蔓延。发病初期用 64%杀毒矾可湿性粉剂 500 倍液、或 50%甲霜铜可湿性粉剂 600 倍液，或 75%百菌清可湿性粉剂 700～800 倍液，或 65%代森锌可湿性粉剂 600～800 倍液喷洒。

（二）虫害防治

一串红苗期虫害主要是银纹夜蛾和温室白粉虱。

1. 银纹夜蛾

一串红较易受到银纹夜蛾的危害，银纹夜蛾的幼虫从 4 月下旬至 10 月均可发生。幼虫喜欢在叶背聚集为害，长大后分散，取食叶片甚至花。老熟幼虫在叶背吐丝结茧、化蛹。成虫昼伏夜出，有趋光性，成虫通常产卵于叶背面，卵单产。

银纹夜蛾的防治方法如下。

①利用黑光灯或频振灯诱杀成虫。

②保持田间清洁，及时清除枯枝老叶，减少虫源。

③药剂防治：可用 90%晶体敌百虫 1 000～1 500 倍液，或 2.5%溴氰菊酯乳油 1 500 倍液，或 48%毒死蜱乳油 1 000 倍液喷雾防治，连防 3 次。

2. 温室白粉虱

温室白粉虱可采用黄板诱杀。药剂防治：可用 80%菊酯类杀虫剂，或用 25%扑虱灵乳油 1 000～1 500 倍液喷洒。喷药宜在早、晚成虫活动较少时进行，喷药时叶背面也一定要均匀地喷到。

【注意事项】

如果让主花序先开花，不要摘心。如果要有 2～4 个侧枝开花，当有 2～3 对叶片时摘心，以后留 2～4 个侧枝，摘心育苗的不宜太迟。

【问题处理】

不出苗或出苗很少。种子本身的问题，尤其陈种子或买的部分种子，花卉种子目前问题较多，不规范，播种前要做发芽试验；用含有油、盐、酸、碱的容器浸种，或水里含有种子不能忍受的上述物质都可能造成不出苗；在出苗前就已经感染上病菌，在土中就可能丧失出苗能力；环境条件恶劣，如地温太低，土壤水分太少或太多，土壤盐类浓度过高等。有的种类种子出苗能力非常差，如矮牵牛的杂交种，要细心播种。

【知识链接】

一串红的植物学特征

一串红是唇形科亚灌木状草本，高可达 90 cm。茎钝四棱形，具浅槽，无毛。叶卵圆形或三角状卵圆形，长 2.5～7 cm，宽 2～4.5 cm，先端渐尖，基部截形或圆形，稀钝，边缘具锯齿，上面绿色，下面较淡，两面无毛，下面具腺点；茎生叶叶柄长 3～4.5 cm，无毛。轮伞花序 2～6 花，组成顶生总状花序，花序长达 20 cm 或以上。苞片卵圆形，红色，形大，在花开前包裹着花蕾，先端尾状渐尖。花梗长 4～7 mm，密被染红的具腺柔毛，花序轴被微柔毛。花萼钟形，红色，开花时长约 1.6 cm，花后增大达 2 cm，外面沿脉上被染红的具腺柔毛，内面在上半部被微硬伏毛，二唇形，唇裂达花萼长 1/3，上唇三角状卵圆形，长 5～6 mm，宽 10 mm，先端具小尖头；下唇比上唇略长，深 2 裂，裂片三角形，先端渐尖。花冠红色，长 4～4.2 cm，外被微柔毛，内面无毛，冠筒筒状，直伸，在喉部略增大，冠檐二唇形，上唇直伸，略内弯，长圆形，长 8～9 mm，宽约 4 mm，先端微缺；下唇比上唇短，3 裂，中裂片半圆形，侧裂片长卵圆形，比中裂片长。能育雄蕊 2，近外伸，花丝长约 5 mm，药隔长约 1.3 cm，近伸直，上下臂近等长，上臂药室发育，下臂药室不育，下臂粗大，不联合。退化雄蕊短小。花柱与花冠近相等，先端不相等，2 裂，前裂片较长。花盘等大。小坚果椭圆形，长约 3.5 mm，暗褐色，顶端具不规则极少数的皱折突起，边缘或棱具狭翅，光滑。

任务六　苦瓜营养钵育苗技术

苦瓜又名凉瓜、君子菜等，属于葫芦科，一年生草本植物。苦瓜在我国长江流域及其以北地区，以夏季栽培为主。以前大都在露地栽培，现已发展到在保护地内栽培。近几年来，一些科研单位引进一些国内外优良品种，推广先进的栽培技术，产量和品质有了明显提高。

培育壮苗是苦瓜栽培获得高产优质的重要基础。苦瓜种子的种壳坚硬，在种子萌芽时吸水较困难，直接播种后遇到低温阴雨天气，容易发霉烂种，致使田间缺苗断垄。因此，生产上一般都采取催芽播种。北方 3 月下旬至 4 月上旬用营养钵于温室或塑料拱棚内播种育苗，5 月初植株长出 3～4 片真叶时定植；长江流域 3 月中旬播种，4 月中旬定植。如采用保护设施，冬季也能栽培。

【任务准备】

①直径 10 cm 塑料营养钵。

②各种类型的育苗基质:草炭土、山皮土、园田土、河沙、蛭石、炉渣、马粪、猪粪、鸡粪。

③苦瓜种子。

【工作环节】

一、种子处理

选品质好、产量高、抗病性强的大白苦瓜和绿苦瓜 915 等品种。浸种前 1 d 晒种 2 h(早上 9:00～10:00)。

温汤浸种,先用 55℃(如果没有温度计可用 2 份开水,1 份冷水混合即可)的恒温热水浸种 10～15 min 以杀菌消毒,浸泡时要不断地搅拌。当水温降至 30℃时,浸种 12 h,若把种子轻轻嗑开一条缝,有利于种子吸水,浸种 8 h 即可。出水后冲洗干净,然后把种子的表皮晾干或用干毛巾把种皮擦干,催芽。

二、催芽

(1)恒温箱催芽法　托盘底部铺一层湿毛巾或湿纱布,把处理过的种子铺在上面,种子厚度不要超过 3 cm,盖一层湿布,然后放入恒温箱,温度调到 30℃左右即可。种子放入恒温箱后,每天用温水清洗种子和垫盖湿纱布 1 次,以免烂种。3～4 d后苦瓜种子开始出芽,然后将温度调到 27℃左右,以免胚根徒长。当胚根达 0.5 cm左右时,即可进行播种。

(2)电灯泡催芽法　在瓦缸或铁桶内铺 2 层湿布,把处理过的种子铺在上面,种子厚度不要超过 3 cm,上面再盖一层湿布,上面挂一盏 40～60 W 的电灯泡,日夜加温,缸口或桶口用薄膜密封,以保持恒温环境。放 1 支温度计于瓦缸或铁桶内,使温度保持在 28～33℃。催芽时应每天早晚检查,看缸内温度低则增加灯泡,如果温度偏高就改用低瓦数的灯泡。种子干燥时应喷 25～30℃的温水,使种子保持湿润。

三、育苗设施与设备

苦瓜育苗的设施与设备一般有玻璃温室、塑料大棚、中小拱棚、电热温床、加温加光设备及育苗营养钵等。多用直径 8 cm、10 cm 的育苗钵。

四、营养土的配制及消毒

将田土 6 份、风干的河泥 2 份与腐熟畜禽粪 2 份混合配制成育苗营养土,或者直接把田土6份和腐熟的畜禽粪4份混合。每立方米营养土另外加入1～3 kg磷肥(营养土为酸性时用钙镁磷肥,中性或偏碱性时用普通过磷酸钙),土肥均匀混合。田土宜用荒地表土或稻田土,忌用种过瓜类的土壤。

(1)甲醛(福尔马林)消毒　配好营养土,每1 000 kg营养土用40%甲醛200～300 mL,加水25～30 kg喷洒,充分搅拌后堆起来,上面覆盖塑料薄膜或湿草帘,密闭2～3 d灭菌杀虫,翻开营养土堆,摊晾7 d,使甲醛彻底挥发后即可过筛、装钵。该消毒法主要用于防治猝倒病及菌核病。

(2)代森锌消毒　按每立方米床土用65%代森锌60 g,撒在营养土上拌匀,用塑料薄膜覆盖,封闭2～3 d后撤膜,药气散发完后装杯待用。

(3)高温消毒　在日本、美国、德国等国家育苗的床土普遍应用高温蒸汽消毒法。消毒时把床土上面覆盖塑料薄膜,通入100℃的高温水蒸汽,把土壤加热到60～80℃,经15～30 min,对猝倒病、立枯病、枯萎病等多种病虫害有防治作用。

五、播种

(1)苗床选择和育苗设施与设备　苗床应选在距定植地较近、背风向阳、地势稍高的地方。冬春季采用大棚或简易竹木中棚加小拱棚保温育苗。夏秋季育苗,出苗前用遮阳网覆盖保湿,出苗后用防虫网搭防雨棚,防止大雨冲刷。为了保护幼苗的根系,须将营养土装入8 cm×8 cm(钵高×上口径)的塑料育苗营养钵内。装钵时,应使营养土充实,避免松散。营养土装钵时不装满,上部留0.5 cm,方便浇水,也可防止病苗感染邻株。

(2)播种时间　苦瓜前一年12月份至来年9月份均可播种。各地应根据各自的栽培制度选好播种期,以便培育出适龄壮苗。一般大田露地栽培的在1月中旬至5月上旬,7月中旬至8月上旬播种。

(3)播种方法　春季育苗应选晴暖天气播种,夏秋季育苗宜选阴天或早晚进行播种,播种前1 d将苗床或营养土淋透水。播种时种子平放,芽尖朝下,种子上盖厚0.5～1.0 cm已消毒的细土,再淋水。

六、苗期管理

(1)温度管理　出苗前苗床应密闭,温度保持25～32℃,夏季温度过高时覆盖遮阳网降温。出苗后苗床夜温16～18℃,日温22～28℃,有利于培育壮苗。移苗定植前7 d进行炼苗,以适应大田气候。

(2)水肥管理　注意控制苗床湿度,在底水浇足的基础上尽可能少浇水。小苗出土后应保持苗床湿润,幼苗露心后保持半干半湿状态对防止瓜苗徒长及控制病害有利。春季育苗期注意苗床通风换气，防止高温高湿，诱发病害。在此期间，可用杀菌剂和杀虫剂喷 1～2 次，以防止苗期病虫害的发生。淋水及喷药应在通风条件下于 10:00～15:00 进行，待叶片水滴干爽后再闭棚。气温低于 15℃的阴冷天气，只要叶片不致失水凋萎，可不必淋水。夏季育苗，淋水应在 8:00～9:00 和 16:00～17:00 进行。

追肥次数依据瓜苗长势而定，一般从幼苗露心开始，每隔 5～7 d 淋施或喷施 1 次 0.3%尿素加磷酸二氢钾水溶液。

(3)光照管理　幼苗出土后，苗床应尽可能增加光照。

(4)其他管理　幼苗出土时，容易发生带种皮出土的现象，要及时摘除夹在子叶上的种皮。到幼苗长成 3 叶 1 心时即可定植。苦瓜保护地栽培和露地春夏季栽培，一般需要培育较大苗龄的壮苗，标准是具有 6～8 片真叶，茎高 20 cm 左右，茎粗 0.5 cm 左右。

当植株长至定植标准时，应提前 1 周左右进行炼苗。所谓炼苗就是对幼苗进行适度的低温、控水处理，目的是增强幼苗对定植栽培田不良环境的适应性。实践证明，苦瓜幼苗经锻炼后体内干物质、糖、蛋白质含量增加，细胞液浓度增加，茎叶表皮增厚，角质和腊质增多，叶色变浓，茎变坚韧，增强了幼苗的抗寒、抗旱、抗风能力。炼苗的主要措施是降温控水，并加大育苗棚的通风量，在天气晴朗的早上揭开塑料大棚两旁的薄膜或打开温室旁边的玻璃窗，以达到通风、降温、排湿的效果，达到炼苗的目的。在定植前 1 d 应把苗床淋透水，以提高苦瓜幼苗移植于大田的成活率。

【注意事项】

苦瓜喜温，耐热不耐寒。种子发芽适温为 30～35℃，20℃以下发芽缓慢。

【问题处理】

苦瓜喜欢潮湿但怕雨涝，生长期间的空气相对湿度和土壤相对湿度要求在 70%～80%，苗期水分管理的原则是"控温不控水，先催后控"。到炼苗阶段，完全停止浇水，暴雨季节及时排水。

【知识链接】

苦瓜的生物学特征

一、苦瓜的植物学性状

苦瓜的根系比较发达，侧根多；植株生长较旺，茎蔓生五棱，浓绿色，叶片上着生茸毛，茎节上着生叶片、卷须、花芽、侧枝；茎蔓分枝能力相当强。苦瓜的初生真叶对生，盾形，绿色；此后长出的真叶为互生，掌状浅裂或深裂，深绿色。苦瓜的叶柄较长，柄上有沟，黄绿色。

花为单性花，与其他的瓜类蔬菜相同都是雌雄同株异花；植株上先长出雄花，后长出雌花，雌花比雄花少。果实为浆果，长纺锤形，果表面有一些形状不规则的凸凹。嫩果白绿色，逐渐转为黄红色，血红色的瓜瓤内包着种子。苦瓜的种子较大，千粒重为 150～200 g。种子扁平，表面有花纹，白色或棕褐色，种皮较厚，坚硬。种子在常温下储藏，发芽年限为 3～4 年。

二、苦瓜对环境条件的要求

(1)温度　苦瓜对温度的适应性广，10～35℃均能适应，不论露地栽培还是在保护地内栽培都很容易成功。生长期间温度在 15～25℃范围内，温度越高越利于苦瓜植株的生长发育。

(2)光照　苦瓜起源于热带地区，原属短日照蔬菜植物，喜光不耐阴，但经过长期的栽培和选择，已对光照长短的要求不太严格。栽培过程中，光照充足则利于叶片进行光合作用，积累有机养分，坐果良好。如果在花期遇上低温阴雨，光照不足，则影响到正常的开花、受粉，发生落花、落蕾现象。

(3)水分　苦瓜生长的相对湿度为 70%～80%，喜潮湿环境。

(4)土壤条件　苦瓜对土壤的要求不太严格，适应性广。一般在肥沃疏松，保水、保肥力强的壤土上生长良好，产量高，品质优。如果在生长后期肥水不足，则植株叶色变浅，开花结果少，果实小，苦味增加，品质下降。在结果盛期要加强追肥灌水，要求追施充足的氮、磷肥。

任务七　西瓜小拱棚营养钵育苗技术

西瓜是重要的消暑果品，我国各地普遍栽培。历史上西瓜多行直播栽培，近年来育苗栽培面积逐渐扩大，特别是北方利用各种设施栽培越来越多。西瓜在温室和拱棚内用营养钵育苗移栽，可提前在大田中栽植，提早成熟上市，产量高，品质好，效益高。农民可采取在庭院育苗，在大田栽植，是一项行之有效的增产措施。

【任务准备】

选背风向阳，地势高燥，交通排灌方便，近几年未种过瓜类作物的地方建立苗床，床畦宽 1.5 m 左右，长 5～10 m，拱高 50～60 cm，划线清理，挖 15～20 cm 深的床基，床土以备打制营养钵。

【工作环节】

一、制作营养钵

营养土一般用田土和腐熟的有机肥按 2∶1 配制而成，忌用菜园土或种过瓜类作物的土壤，要疏松肥沃、保水保肥、无病菌、虫卵和杂草种子。用聚氯乙烯或聚乙烯压制而成的塑料钵，容器上口直径不应小于 10 cm，高 10 cm，底部有孔。将配制好的营养土先装准备好的营养钵的 2/3 左右捣实，再将剩余部分装满，装好后钵内营养土用 40%辛硫磷乳油 1 000 倍液浇透，摆放在苗床内以备播种。

二、浸种催芽

首先要选择生长势及抗逆性强，产量高的一代杂交种，其次还要考虑味甜、味正的品种。西瓜催芽育苗一般在惊蛰前后进行，西瓜种子种皮厚而坚硬，吸水慢，可用开水烫种，既有消毒作用，又能使种皮变软，加快种子吸水。其方法是取干燥的种子装在容器中，用冷水浸没种子，再用开水边倒边顺着一个方向搅动，使水温达到 70～75℃，10 s 后停止搅拌，加入一些冷水，使水温降至 50℃，浸泡 10 min 左右，以后在 30℃水中浸 8～10 h。70℃的水温已超过花叶病毒的致死温度，能使病毒钝化，又有杀菌作用。浸种过程中用手把种子表面黏液搓洗干净，去掉杂物，促进吸水和发芽。

种子捞出渗干后用干净无油污的湿布包好，每包不宜过大。包好后放在温度 30℃左右条件下催芽，经 2～3 d 70% 的种子发芽，芽长 1 cm 左右时可以播种。催芽期间要用清水淘洗 1～2 次，以满足发芽对水分和氧气的需要。

有资料介绍，在种子露嘴时给以 2～4 d 的低温处理，能提高胚芽抗寒力，出芽整齐，使幼苗生长健壮。具体做法是将露嘴的种子连同布包置于温度 4～5℃下 12～18 h，然后放到 18～22℃下 12～16 h，如此反复 3～4 次。注意处理过程中保持布包湿润，以防种子脱水干燥。

三、播种

播种前 1 d 将营养钵浇透，播种时在营养钵中间扎 1 cm 深的小孔，再将催好芽的种子平放在营养钵上，胚根向下放入孔内，随播种随覆盖 1.5～2 cm 厚的细土。覆土后盖好地膜，提高地温，促进出苗。

四、苗床管理

(1)温度　西瓜出苗前温度保持 25～30℃，夜晚加盖草苫保温。出苗后至第 1

片真叶出现前，温度保持在 20～25℃。第 1 片真叶展开后，温度应保持在 25～30℃，定植前 1 周保持在 20～25℃。

（2）湿度　前期要严格控制湿度，在底水浇足的基础上，尽可能不浇水或少浇水，以免降低床温和增加湿度。后期随通风量的增加，可在晴天上午用喷壶适当补水。

（3）通风和光照　通风时要看苗、看天。开始小放，逐渐大放，低温时不放，高温时大放。一般在 9:00～10:00 时，在背风一边支一小口，然后逐渐增大，下午减小，16:00～17:00 时封严。在温度适合的情况下，草苫要早揭晚盖，并轻轻拍掉塑料薄膜内壁上的水珠，提高透光度，尽量增加光照。

五、病害

猝倒病是苗期主要病害，在气温低、土壤湿度大时发病严重，该病菌在 15～16℃时繁殖较快，遇阴天或寒流侵袭时发生相当普遍。可用苗菌敌 20 g 掺细干土 15 kg 撒于苗床防治或用 50%多菌灵 600 倍液、甲基托布津 1 000 倍液喷雾防治。在真叶期喷洒绿亨一号，防病效果明显。

西瓜枯萎病为害西瓜、冬瓜及甜瓜，西瓜全生育期都可发病。子叶萎蔫或全株萎蔫死亡，茎部变褐缢缩，成为猝倒状，属真菌病害。在 24～32℃、空气湿度 90%以上易发病，若连续阴雨，病势发展迅速，一般采用以下综合防治措施：①选用抗病品种。②用 5 年以上没种过瓜类的田土配制床土。③用瓠瓜、葫芦做砧木，西瓜良种做接穗进行嫁接。④发病前或发病初期，用 40%多菌灵胶悬剂对水 400 倍，或 5%菌毒清可湿性粉剂 800 倍液灌根，每株药液量 0.25 kg，7～10 d 1 次，连续 2～3 次，有一定防治效果。

六、西瓜适龄壮苗的标准

子叶及真叶宽大而厚实，叶色浓绿，叶片上密布茸毛，并有白色的蜡质层；下胚轴粗壮，叶柄较短且粗壮；根系发达，侧根多；具有 4～5 片展开叶。一般育苗期为 35～40 d。据此根据栽培方式与定植期来确定育苗播种期。

七、无籽西瓜的育苗技术与普通西瓜的不同之处

无籽西瓜种胚发育不健壮，吸水后出芽困难，应采取破壳高温催芽的措施，温汤浸种 6～7 h，嗑开种子（即把种脐部种皮接合线嗑开或夹开一个小缝），放在 33～35℃环境中催芽 12 h，80%以上的种子会露白 5 mm 左右，达到播种要求。无籽西瓜幼苗初期生长缓慢，长势弱，应适当提高地温和气温。

【注意事项】

①西瓜幼苗期节间易伸长，应注意防徒长。

②西瓜育苗期较短，不提倡分苗，如果需要分苗，应当在子叶展平后尽早分苗。

③出苗后检查营养钵内土的软硬程度，不要让营养土发干变硬，一般每 3 d 浇 1 次透水。结合浇水，观察幼苗营养状态，可用 0.1%～0.3%的尿素或磷酸二氢钾溶液叶面追肥。

【问题处理】

据资料介绍，西瓜播种覆土 1 cm 厚，会使种子胚根向上生长露出土层，导致种子失效。覆土厚 2 cm，隔离了较高的空气温度，胚根不会向上趋热生长。且较厚的土层能帮助幼苗出土时蹭掉夹在子叶上的种皮，减轻人工去除种皮的麻烦。

【知识链接】

西瓜的生物学特征

一、秧苗生育特点

生产上西瓜的苗期可以分为发芽期和幼苗期。从种子萌动至真叶露心称为发芽期，此期子叶是主要同化器官，子叶出土以后以胚轴为生长中心，容易徒长，此期需 8～10 d。

由真叶露心到 5～6 片真叶展开称为幼苗期，一般需要 25～30 d。这个时期叶片分化较快，但叶片生长和叶面积扩大较慢，而根系伸长迅速，同时进行花芽分化。生产上一般不像黄瓜那样注重雌花数量，而是着重于雌花质量。

二、对环境条件的要求

西瓜属耐热性作物，在整个生长发育过程中要求较高的温度，不耐低温，更怕霜冻。西瓜生长所需最低温度为 10℃，最高温度为 40℃，最适温度为 25～30℃。种子发芽期适温为 28～30℃，15℃以下或 40℃以上发芽困难，幼苗期适温为 22～25℃。根伸长的最低温度 8℃，最适温度 32℃。根毛发生的最低温为 14℃，最高温 40℃。在短日照（8 h）和较高温（27℃）下雌花数增加，在长日照（16 h）和高温（32℃）下则抑制雌花的形成。

西瓜喜强光照，光饱和点为 80 000 lx。光照充足，昼夜温差大，幼苗生长健壮，叶片肥大，组织机构紧密，节间短，花芽分化早；光照不足，秧苗细弱，节间伸长，叶薄色淡，花芽分化延迟。不同光波对西瓜幼苗生长也有明显影响，红光、橙光可促使茎蔓伸长，而蓝光、紫光则抑制节间伸长，适量蓝光和紫光照射对培育壮苗具有重要作用。

西瓜种子发芽期要求床土湿润，以利于种子吸水膨胀，顺利发芽出土。幼苗根系比黄瓜发达，适应干旱能力较强，适当干旱可促进根系扩展，增强抗旱能力，减少发病，促进幼苗早发。

西瓜对土壤要求不严，但其根系好氧，需要土壤空气充足，对床土要求与黄瓜相近。

复习思考题

1. 怎样进行番茄播种？
2. 番茄苗期的病虫害种类有哪些？如何防治？
3. 怎样进行苦瓜种子浸种催芽？
4. 苦瓜炼苗有哪些作用？通常采取什么措施进行苦瓜炼苗？
5. 怎样进行一串红播种？
6. 万寿菊苗期的病虫害种类有哪些？如何防治？
7. 万寿菊苗期管理应注意哪些问题？
8. 番茄的壮苗标准有哪些？
9. 一串红的苗期管理应注意哪些问题？
10. 番茄怎样炼苗？

项目六　组织培养育苗技术

知识目标　了解组织培养育苗的设施设备。

了解各种环境因子对组织培养苗的影响。

掌握组织培养育苗技术知识。

技能目标　掌握组织培养育苗的设施设备。

掌握组织培养基的制备和消毒方法。

能对组织培养苗期环境进行调控。

能熟练进行组织培养育苗的操作。

项目流程　洗涤→培养基准备→培养基消毒→接种→培养→苗期管理。

任务一　组织培养育苗的设施设备

【任务准备】

①了解并掌握组织培养育苗的各种设施设备、化学实验室、接种室、培养室。

②能熟练应用天平、显微镜、空调、酸度测定仪、培养架、烘箱、高压灭菌锅等实验设备。

③能运用各种类型的试管、容量瓶、三角瓶、培养皿、量筒、烧杯、镊子、剪刀、解剖刀、解剖针等玻璃器和用具。

【工作环节】

一、化学实验室

化学实验室用作组织培养时所需用具的洗涤、干燥、保存；药品的称量、溶解、配制；培养基的配制、分装；高压锅灭菌；实验材料的预处理等操作都在实验室进行。需要低温冷藏的药品要保存在冰箱内。室内应装有水槽和排水系统，用于玻璃器皿和用具的清洗、实验材料的清洗，化学实验室要求室内干净卫生、整齐，地面要耐湿。

二、接种室

接种室是进行无菌操作的工作室，用于实验材料的接种、培养材料的转接以及组培苗的继代等。要求室内平整便于清洗和消毒，最好采用耐水、耐药的装修材料，避免药品的腐蚀。室内要定期进行紫外灯照射消毒灭菌，室内有超净工作台用于无菌接种，室内要保持干净清洁。

三、培养室

培养室是人为控制条件下进行植物组织培养育苗的场所。室内有培养架、自动控温系统（恒温，25～27℃）和照明设备（白色荧光灯）。室内要求干净整洁。

四、仪器设备

(1)冰箱　用于药品和实验材料的保存，实验材料的低温处理。

(2)空调　用于保持室内恒温。

(3)培养架　多层的培养架多个，每层装有 40 W 日光灯 2 个。用作固体培养基培养。

(4)烘箱　用于烘干玻璃器皿和棉塞。

(5)天平　用于称量蔗糖、琼脂、大量元素、微量元素和激素等实验药品。规格有精确度为 0.1 g 的天平、精确度为 0.001 g 和 0.000 1 g 的分析天平。

(6)酸度测定仪　用于培养基的酸碱度测定，便于调节 pH。

【注意事项】

①需要低温冷藏的药品要记住保存在冰箱里。

②部分药品称量时要注意防止直接接触药物，避免受腐蚀或侵害。

③在使用药品时注意自我保护。

【问题处理】

①设备的保养。

②保证接种室干净无菌，接种前做好紫外灯消毒。

【知识链接】

植物组织培养简介

一、植物组织培养的概念

植物组织培养即植物无菌培养技术，又称离体培养，是根据植物细胞具有全能性的理论，利用植物体离体的器官（如根、茎、叶、茎尖、花、果实等）、组织（如形成层、表皮、皮层、髓部细胞、胚乳等）或细胞（如大孢子、小孢子、体细胞等）以及原生质体，在无菌和适宜的培养基及光照、温度等人工控制的环境条件下，能诱导出愈伤组织、不定芽、不定根，最后形成完整的植株。

植物组培的大致过程：在无菌条件下，将植物器官或组织（如芽、茎尖、根尖或花药）的一部分切下来，用纤维素酶与果胶酶处理，用以去掉细胞壁，使之露出原生质体，然后放在适当的人工培养基上进行培养，这些器官或组织就会进行细胞分裂，形成新的组织。不过这种组织没有发生分化，只是一团薄壁细胞，称为愈伤组织。在适合的光照、温度和一定的营养物质与激素等条件下，愈伤组织便开始分化，产生出植物的各种器官和组织，进而发育成一棵完整的植株。

在植物组织培养过程中，由植物体上切取的根、茎、叶、花、果、种子等器官以及各种组织、细胞或原生质体等统称为外植体。通常根据培养目的适当选取植物材料，选择原则是易于诱导、带菌少。要选取植物组织内部无菌的材料。这一方面要从健壮的植株上取材料，不要取有伤口的或有病虫的材料；另一方面要在晴天，最好是中午或下午取材料，不要在雨天、阴天或露水未干时取材料。因为健壮的植株和晴天光合作用和呼吸作用旺盛，组织自身有消毒作用，这种组织一般是无菌的。培养材料的消毒：从外界或室内选取的植物材料，都不同程度地带有各种微生物。这些污染源一旦带入培养基，便会造成培养基污染。因此，植物材料必须经严格的表面灭菌处理，再经无菌操作接种到培养基上。

二、植物组织培养的特点

1. 培养材料经济

在生产实践中，由于取材少，培养效果好，对于新品种的推广和良种复壮更新，都有重大的实践意义。

2. 培养条件可以人为控制

组培采用的植物材料完全是在人为提供的培养基和小气候环境条件下生长，摆脱了大自然中四季、昼夜的变化以及灾害性气候的不利影响，且条件均一，对植物生长极为有利，便于稳定地进行周年培养生产。

3. 生长周期短，繁殖率高

组培是由于人为控制培养条件，根据不同植物不同部位的不同要求而提供不同的培养条件，因此生长较快。另外，植株也比较小，往往 20～30 d 为 1 个周期。所以，虽然组培需要一定设备及能源消耗，但由于植物材料能按几何级数繁殖生产，故总体来说成本低廉，且能及时提供规格一致的优质种苗或脱病毒种苗。

4. 管理方便，利于工厂化生产和自动化控制

植物组织培养是在一定的场所和环境下，人为提供一定的温度、光照、湿度、营养、激素等条件，既利于高度集约化和高密度工厂化生产，也利于自动化控制生产。它是未来农业工厂化育苗的发展方向。它与盆栽、田间栽培等相比省去了中耕除草、浇水施肥、防治病虫等一系列繁杂劳动，可以大大节省人力、物力及田间种植所需要的土地。

三、植物组织培养的优势

①占用空间小，不受地区、季节限制。

②用于培养脱毒作物。

③可用组培中的愈伤组织制取特殊的生化制品。

④可短时间大量繁殖，用于拯救濒危植物。

⑤可诱导植物组织分化成需要的器官，如根和芽。

⑥繁殖方式多，试用品种多，解决有些植物产种子少或种子不易采收的难题。

⑦不存在变异，可保持原母本的一切遗传特征。

⑧投资少，经济效益高。

四、植物组织培养分类

植物组织培养根据所选取的植物材料不同部位（外植体）具体划分为以下几种。

1. 器官培养

器官培养指以植物的根、茎、叶、花、果等器官为外植体的离体无菌培养，如根的根尖和切段，茎的茎尖、茎节和切段，叶的叶原基、叶片、叶柄、叶鞘和子叶，花器的花瓣、雄蕊（花药、花丝）、胚珠、子房、果实等的离体无菌培养。

2. 组织培养

组织培养指以分离出植物各部位的组织（如分生组织、形成层、木质部、韧皮部、表皮、皮层、胚乳组织、薄壁组织、髓部等），或已诱导的愈伤组织为外植体的离

体无菌培养。这是狭义的植物组织培养。

3. 细胞培养

细胞培养指以单个游离细胞(如用果酸酶从组织中分离的体细胞、花粉细胞、卵细胞)为接种体的离体无菌培养。

4. 原生质体培养

原生质体培养指以除去细胞壁的原生质体为外植体的离体无菌培养。

任务二 组织培养育苗技术

【任务准备】

①了解组织培养的技术流程。

②能运用量筒、三角瓶、天平、分析天平、电炉、烧杯、容量瓶、高压灭菌锅、玻璃棒、酸度测定仪等。

【工作环节】

1. 玻璃器皿和用具的洗涤

新购置的玻璃器皿用1%的稀 HCl 溶液浸泡一夜,然后用肥皂水洗涤,再用清水冲洗,最后用蒸馏水冲净,晾干备用;已用过的玻璃器皿用洗衣粉洗涤,再用清水冲洗,最后蒸馏水冲净,晾干备用(或用烘箱烘干备用)。用具清洗干净后用报纸包好与配制好的培养基一起用高压锅消毒灭菌。

2. 固体培养基的制备

将大量元素、微量元素、有机化合物类、铁盐(螯合剂)、植物激素配制出母液或药液,并放置在2~4℃中冷藏储存。蔗糖和琼脂随用随取。

根据培养基配方制备出适用于不同培养材料的培养基,在不同配方的培养基中加入蔗糖补充碳源,并用琼脂对培养基进行固化。待培养基加热混匀后用0.4%的 NaOH 或稀 HCl 溶液调节 pH。分装于三角瓶内,培养液占三角瓶的1/4~1/3,用棉塞封口再用报纸进行最后封口,对不同配方的培养基进行标记,再放入高压灭菌锅中进行消毒灭菌。灭菌后的培养基取出,放在平整的地方,晾凉备用。

3. 实验材料的准备

植物材料需要用流水冲洗。

4. 接种

用酒精棉擦拭超净工作台面,用70%的酒精擦拭培养皿、镊子、解剖刀(针)并在酒精灯上消毒，晾凉备用。在超净工作台上用酒精、高锰酸钾、升汞对植物材料进行消毒处理。在酒精灯外焰上方进行植物材料的接种，瓶口倾斜，用镊子将植物材料接种在三角瓶内培养基上，塞上棉塞封口，并做好标记。

5. 培养

将接种上培养材料的三角瓶平放在培养室的培养架上，一般培养室的温度控制在(25±2)℃，光照强度在 2 000 lx，光照时间 12 h。待三角瓶内没有水汽时，需要进行转接，将原来三角瓶内的实验材料转接到新配制的原配方或新配方的培养基上继续培养。转接同样需要在超净工作台上进行。最后配制适宜组培苗生根的培养基，进行生根培养。

6. 炼苗移栽

当试管苗生长到 3～5 条根后需要在瓶内进行炼苗，在移栽前 3～5 d 将三角瓶的瓶口打开，使试管苗逐渐适应外界坏境。移栽时用清水洗掉根上的琼脂，再栽入温室中准备好的培养土(消毒后的粗砂、蛭石等)中。在温室内培养 20～35 d 后，再移栽到田间正常生长。

【注意事项】

①配制好的母液和药液要放在冰箱保存。

②部分药品称量时要注意防止直接接触药物，避免受腐蚀或侵害，在使用药品时注意自我保护。

③消毒灭菌后的培养基要放在平整的地方，防止液面倾斜。

【问题处理】

①避免污染是植物组织培养获得成功的关键因素之一，防止外植体污染，可进行表面消毒，并且在培养基内添加抗生素，防止内部病菌感染，同时工作人员用酒精擦洗双手，穿工作服、戴口罩、戴工作帽等。

②培养过程中要防止褐变，可采用保持较低温度、在培养基中加入抗坏血栓、暗培养等措施来防止褐变。

任务三　马铃薯组织培养育苗技术

马铃薯是无性繁殖作物，经过多年留种种植后，体内仍存在一些病毒如马铃薯卷叶病毒(PLRV)、马铃薯 X 病毒(PVX)、马铃薯 Y 病毒(PVY)、马铃薯 S 病毒(PVS)、马铃薯 M 病毒(PVM)和类病毒(PSTV)等逐代传递并积累，使马铃薯植株矮化，茎秆细弱，叶片失绿、卷曲或皱缩，薯块变小或畸形而减产，对生产造成严重危害。

自 20 世纪 70 年代,通过茎尖分生组织培养脱除病毒在马铃薯上的推广应用,种薯生产技术随着生物技术的发展不断改进。利用马铃薯茎尖组织培养结合病毒检测,进行马铃薯脱毒的组织培养技术,有效地防止了病毒感染和品种退化,提高了良种繁育的速度和产量。

中国作为马铃薯生产第一大国,马铃薯单产量较低。种薯问题是限制其单产提高的主要因素,茎尖分生组织培养脱毒、组培苗离体快繁(或)试管薯生产方面的研究是提高种薯质量的技术基础。

【任务准备】

①掌握马铃薯茎尖组织培养育苗技术。

②了解 MS 培养基的制备方法。

③实验材料有培养基常用化学药品,发芽的马铃薯块茎。

【工作环节】

一、培养基的配制

组织培养中常用的一种培养基是 MS 培养基,MS 培养基的配制包括以下步骤。

(一)培养基母液的配制和保存

MS 培养基含有近 30 种营养成分,为了避免每次配制培养基都要对这几十种成分进行称量,可将培养基中的各种成分,按原量的 20 倍或 100 倍分别称量,配成浓缩液,这种浓缩液叫做培养基母液。这样每次使用时,取其总量的 1/20(50 mL)或 1/100(2.5 mL),加水稀释,制成培养液。现将制备培养基母液所需的各类物质的量列出,供配制时使用。

物质名称	单位:mg/L
大量元素(母液Ⅰ):	
NH_4NO_3	33 000
KNO_3	38 000
$CaCl_2 \cdot 2H_2O$	8 800
$MgSO_4 \cdot 7H_2O$	7 400
KH_2PO_4	3 400
微量元素(母液Ⅱ):	
KI	83
H_3BO_3	620

物质名称	单位:mg/L
$MnSO_4 \cdot 4H_2O$	2 230
$ZnSO_4 \cdot 7H_2O$	860
$Na_2MoO_4 \cdot 2H_2O$	25
$CuSO_4 \cdot 5H_2O$	2.5
$CoCl_2 \cdot 6H_2O$	2.5
铁盐(母液Ⅲ):	
$FeSO_4 \cdot 7H_2O$	2 780
Na_2-EDTA $\cdot 2H_2O$　螯合剂	3 730
有机成分(母液Ⅳ):	
ⅣA	
肌醇	10 000
ⅣB	
烟酸	50
盐酸吡哆醇(维生素 B_6)	50
盐酸硫胺素(维生素 B_1)	50
甘氨酸	200

以上各种营养成分的用量,除了母液Ⅰ为 20 倍浓缩液外,其余的均为 100 倍浓缩液。

上述几种母液都要单独配成 1 L 的储备液。其中,母液Ⅰ、母液Ⅱ及母液Ⅳ的配制方法是每种母液中的几种成分称量完毕后,分别用少量的蒸馏水彻底溶解,然后再将它们混溶,最后定容到 1 L。母液Ⅲ的配制方法是将称好的 $FeSO_4 \cdot 7H_2O$ 和 Na_2-EDTA $\cdot 2H_2O$ 分别放到 450 mL 蒸馏水中,边加热边不断搅拌使它们溶解,然后将两种溶液混合,并将 pH 调至 5.5,最后定容到 1 L,保存在棕色玻璃瓶中。

各种母液配完后,分别用玻璃瓶储存,并且贴上标签,注明母液号、配制倍数、日期等,保存在冰箱的冷藏室中。

MS 培养基中还需要加入萘乙酸(NAA)、6-苄氨基嘌呤(6-BA)、赤霉素(GA)、吲哚丁酸(IBA)等植物生长调节物质,并且按照要求的浓度分别配成母液。配制方法:分别称取这几种物质各 10 mg、100 mg,将 NAA 用少量(1 mL)无水乙醇预溶,将 6-BA 用少量(1 mL)浓度为 0.1 mol/L 的 NaOH 溶液溶解,溶解过程需要水浴加热,最后分别定容至 100 mL,即得质量浓度为 0.1 mg/mL 的 NAA 母液和 1 mg/mL 的 6-BA 母液。

(二)配制培养基

①煮琼脂　用天平称取琼脂 8 g,加适量水放在电炉上加热,边加热边用玻璃棒不断搅拌,直至琼脂全部溶化为止。

②从母液中用量筒或移液管取出所需量的大量元素、微量元素、铁盐、维生素及植物激素等,放入烧杯中。将烧杯中的各种物质及糖加入溶化后的琼脂水溶液中,搅拌使其混合均匀,最后加蒸馏水定容至 1 000 mL,搅拌均匀。

③将培养基的 pH 调为 5.8。

④将配好的培养基用漏斗分装到培养用的已洗净、烘干的三角瓶或罐头瓶内,盖上塞子,塞子外面包一层硫酸纸或铝箔纸,再用牛皮纸包外层,用橡皮筋勒紧。标上记号。

⑤将做好的培养基放入高压蒸汽灭菌锅内灭菌。先在高压蒸汽灭菌锅内加水直至水位标记,放入培养基后,把锅盖盖严,检查排气阀是否有故障。加热开始后,一直打开放气阀加热至冒出大量热气,以排出锅内的冷气。当高压灭菌锅标记盘上显示(120±1)℃,1.05 kg/cm^2 压力时,保持此压力灭菌 15～20 min。之后停止加热,使锅内压力慢慢减下来,缓缓打开放气阀,使锅内压力接近于零,这时完全打开放气阀,排出剩余热气,打开锅盖取出培养基。

⑥已灭菌的培养基通常置于冰箱冷藏室中保存。

二、马铃薯茎尖组织培养具体实验方案

(一)外植体培养

从已催出芽(芽长一般 2～4 cm)的干净健康马铃薯块茎上掰下芽,用自来水冲洗干净,放入 0.1%～0.15%的升汞溶液中浸泡 8～10 min,在超净工作台上消毒完后,放入无菌水中浸泡 6 次,每次 5 min,然后接种到 MS+6-BA 1.5 mg/L (mg/L)+GA 30.5 mg/L+IBA 0.5 mg/L+琼脂 8 g/L+蔗糖 30 g/L(pH 为 5.8)的培养基上,每个培养瓶接种 1～5 个外植体。

(二)茎尖剥离及初代培养

外植体培养 20 d 后,在超净工作台解剖镜下用解剖针将生长点 0.1～0.5 mm 部分剥离出来,转接到 MS+肌醇 100 mg/L+6-BA 1.5 mg/L+GA 30.5 mg/L+泛酸钙 1.5 mg/L+蔗糖 30 g/L+琼脂 8 g/L+活性炭 0.17 g/L(pH 为 5.8)的培养基上,每个培养瓶接种 4～5 个生长点。光照保持 3 000 lx 左右,每天照光 13～16 h,温度控制在 23℃,经 2～6 个月培养诱导,其间转接 2～3 次,生长点即可长成新的小植株。经病毒检测不带病毒的株系就可进行扩繁,未脱毒的株系淘汰。

(三)试管苗扩繁

1. 扩繁前的准备

①扩繁培养基的制备。扩繁培养基以 MS 培养基为扩繁基本培养基,外加 6-BA 0.5 mg/L+NAA (0.5~1.5) mg/L+蔗糖 30 g/L+琼脂 8 g/L+活性炭 0.17 g/L,pH 为 5.8。

②将接种用具在超净工作台上用紫外线灯消毒 20~30 min,关掉紫外线灯,打开日光灯和吹风机。

③用肥皂将手洗干净并擦干,再用 75%酒精消毒,待手上酒精干后,点上酒精灯,将剪子、镊子培养皿等所需用具在酒精灯上进行消毒。

2. 接种扩繁

用 75%酒精喷待接的试管苗和制备好待用的扩繁培养基表面,将已脱毒株系按每苗留 1~2 片叶为一个茎段剪下,正向插入扩繁培养基(即 MS+6-BA 0.5 mg/L+NAA 0.5~1.5 mg/L+蔗糖 30 g/L+琼脂 8 g/L+活性炭0.17 g/L,pH 为 5.8 的培养基)上。一般每个培养瓶接种 15 个茎段,在温度 25~27℃,光照 2 000~3 000 lx,每天 15~16 h 条件下培养 3~4 d 即可生根长芽。30 d 后可按 1∶7 瓶进行扩繁 1 次,即原来每瓶 15 苗扩繁 1 次可达 7 瓶 105 苗,以后每隔 30 d 扩繁 1 次,繁殖到目标苗数后,采用自然光照培养室进行培养,温度 15~25℃,室内湿度恒定,相对湿度保持在 70%~80%为好。再经 1~2 个月培养即可移栽。

【注意事项】

①在使用提前配制的母液时,应在量取各种母液之前,轻轻摇动盛放母液的瓶子,如果发现瓶中有沉淀、悬浮物或被微生物污染,应立即淘汰这种母液,重新进行配制。

②用量筒或移液管量取培养基母液之前,必须用少量的母液将量筒或移液管润洗 2 次。

【问题处理】

①马铃薯植株的不同外植体愈伤组织诱导效果不同。一般茎尖能形成结构紧凑、生命力旺盛的愈伤组织,是获取愈伤组织的最好材料。

②培养基的 pH 控制在 5.8,pH 影响培养基凝固程度和材料吸收营养。

③在培养基中加入活性炭,以防止培养基产生褐化现象。

④植物组织培养的失败往往是由材料消毒不彻底、培养基及接种工具灭菌程度不够等原因造成的。应严格按照组织培养的技术流程进行操作,把好灭菌环节,防止杂菌感染。

任务四　草莓组织培养育苗技术

草莓植株非常容易受病毒的感染，植物病毒病主要由蚜虫为媒介而引起，在20世纪50年代各国学者相继发现草莓栽培中存在广泛的病毒病，草莓几乎都受病毒的感染。我国草莓产区主要品种已受到草莓斑驳病毒(SMOV)、草莓和性黄边病毒(SMYEV)、草莓镶脉病毒(SVBV)、草莓皱缩病毒(SCrV)等病毒感染。国内外的实践均表明，通过组织培养获得无病毒苗是防治草莓病毒病的主要措施。无病毒苗与常规苗相比植株生长旺盛，成活率高，平均增产20%～30%。繁殖速度快，一年内一个分生组织可获得几万到几十万株优质苗。因此采用无毒苗是国内外草莓生产的主要趋势。

【任务准备】

①掌握草莓茎尖组织培养和花药组织培养技术。

②了解草莓无毒苗繁殖体系要求。

③实验材料为草莓匍匐茎顶端的分生组织(茎尖)。

【工作环节】

一、制备培养基

草莓组织培养中最常用的是MS培养基。也可以用马铃薯制作简化培养基，制备方法是称去皮马铃薯200 g，洗净后切成小块，煮沸0.5 h，冷却后包于纱布内压出汁液，取出上清液加入1 L培养基中。马铃薯汁可以代替各种大量元素、微量元素及有机成分，但培养基内仍需加入蔗糖、琼脂以及按试验要求的各种植物激素成分，最后调pH到5.8。这种培养基颜色发暗，但培养草莓效果不错。

培养基做好后及时用高压蒸汽灭菌锅灭菌。已灭菌的培养基放入冰箱4～5℃低温保存，1～2周内用完，保存期别超过1个月，否则一些生长调节物质效力会降低。

二、草莓茎尖培养和花药培养

1. 茎尖培养

茎尖分生组织作为外植体在小于0.3 mm的情况下可以得到脱毒的秧苗。取材时间以每年6～8月份匍匐茎生长充实、尖端生长良好时为宜，温室草莓则一年四季都可取材料。取材以匍匐茎尖或子苗均可。材料取回后，用手剥去秧苗外叶，如为匍匐茎尖则可直接在自来水龙头下冲洗，然后将试材进行表面消毒。茎尖消毒可采用下述 2 种方法：①用 70%酒精漂洗一下，再用 0.1%～0.2%升汞（氯化汞）或 6%～8%次氯酸钠浸泡，浸泡时间依材料老嫩而异，一般为 2～10 min，然后把材料移到超净工作台上操作。②先用 70%酒精漂洗一下，用 0.1%新洁尔灭浸泡 15～20 min，再用 1%过氧乙酸浸泡 2～5 min，移到超净工作台上操作。

2. 接种

表面消毒后，在超净工作台上用无菌水冲洗 3 次，然后置于双筒解剖镜下，一层层地剥去幼叶和鳞片，露出生长点，常可带 1～2 个叶原基。如经过热处理的材料，可以带 2～4 个叶原基，生长点长约 0.5 mm；如未经过热处理，则应取纯的生长点或最多带 1 个叶原基。将这个生长点用细长的解剖针挑出，放入事先准备好的盛有培养基的培养瓶中，将瓶口密封，置于培养室培养成小植株。然后进行继代培养、诱导发根等一系列操作。

3. 花药培养

大量实验表明，草莓花药培养所得到的植株有 95%以上是能开花结果的多倍体，而且生长发育优于母株，脱毒率高，可省去病毒鉴定工作。草莓开花前，取大小为 4～6 mm 处于单核期的花蕾。采集的花蕾用自来水冲洗数次，再放入无菌三角瓶中用 70%酒精浸泡 1 min，然后用 0.1%升汞水消毒 10 min，再用无菌水在无菌条件下冲洗 3～5 次后，取出花蕾，剥取花药接种到 1 号培养基上，每个培养瓶可接种 30～50 个花药。放入培养室内培养。

草莓组织培养的光照强度为 1 000～2 000 lx，每天照明约 10 h。

三、继代培养

无论是由茎尖、花药或叶片培养得出的再生植株都可以根据需要把组织移到新的培养基上，这种转移称为继代培养。待茎、叶分化的植株长满瓶后即可制备新鲜培养基分株成数瓶来加以培养。在早春 1～2 月份可集中一批试管苗诱导发根，使其下一步驯化移栽整齐度高。秋季再集中第二批发根，其余则可根据需要继代繁殖。

四、试管苗的驯化

发根的试管苗需要移至一定温度条件下的温室中栽培，直至苗长大发出 5～6 片叶的植株为止，这一过程称驯化阶段。驯化用的土壤质地以疏松沙土掺入少量有机质成活率高，温度 15～20℃，空气相对湿度 80%～100%为宜。组培苗移栽后浇透水并支小拱棚覆盖塑料薄膜保湿，第 3 周开始每天短时间放风 1 次，放风强度逐渐加大，至移栽后第 4 周即可去掉覆盖物。依据室温，每天或隔天喷水 1 次，保持土壤湿润而不积水为宜。

试管苗驯化一般需 2～3 个月即可移出至大田栽培，这就是无病毒原种苗的母株，可以做进一步繁殖用，也可以直接用来做结果株用。

五、鉴定和检验草莓无病毒苗

1. 小叶嫁接鉴定法

小叶嫁接鉴定法是利用草莓的指示植物进行小叶嫁接来鉴定植株是否带有病毒。草莓可能感染多种病毒，各种指示植物对几种病毒均有反应，症状变化也比较大。具体的鉴定方法如下。

在接种前 45 d 左右，将所利用的指示植物单株盆栽移植在温室，加强管理，注意防蚜虫。在接种当天，采集待检测植株上的成长叶片，先除去待测植株叶片左右两片小叶，留下中间的叶片并将其削成带有 1～1.5 cm 长叶柄的接穗，用刀片把叶柄切面削成楔形。选择生长好的指示植物上的叶片，去除中间的小叶，在叶柄的中央部分切一长 1.0～1.5 cm 深的楔形口，然后把要测的接穗插进指示植物的切口内，用细棉线包扎结合部。

接种后，把整个盆栽草莓罩上塑料袋，保温保湿，提高成活率。将嫁接苗置于温室内，白天温度保持在 18～23℃，夜间温度保持在 10～14℃，放在遮阳处 2～3 d，然后移到有阳光处，放置 7～10 d 后，去除塑料袋。嫁接苗成活后，连续检查 45～60 d，如接穗带有病毒，在新展开的叶片、匍匐茎或老叶上出现病症；如无任何症状，即表明植株不带病毒。

2. 电子显微镜检测法

电子显微镜检测法是利用负染色法及超薄切片法处理待测叶片，然后在电子显微镜下观察，如果被测叶片中含有较多病毒粒子，可被直接观察到。用这种方法检测草莓病毒比其他方法更直观，而且速度快。但是，由于病毒和细胞器在形态上很相近，当病毒较少的时候，也容易被忽略，检测不到。

六、草莓壮苗的标准

草莓苗素质的好坏对产量的高低起着决定性的作用。不同栽培方式对草莓壮苗标准要求也不一样。

保护地内草莓的栽培方式有促成栽培和半促成栽培 2 种。促成栽培对秧苗质量要求较高。促成栽培用苗，花芽分化早，定植后成活好，每一花序都能连续现蕾开花，壮苗的标准是无病虫危害，具有 5～6 片展开叶，叶色呈鲜绿色，叶柄粗而不徒长，根茎粗 1.3～1.5 cm，株形矮壮，苗重 30 g，须根多，根系粗而白，定植时应带土坨免伤根系。半促成栽培的健壮苗标准要求培育根茎粗 1.0～1.5 cm，叶柄短、叶色鲜绿而叶片大，粗根多而新鲜，花芽分化好，有 5～6 片正常叶，全株重 20～30 g，定植后成活快、发根早的优质苗。

【注意事项】

①草莓无病毒苗利用要加强无病毒母株的管理和保存，定期进行病毒检测，保证无毒苗木质量。

②无病毒苗生产过程中不可避免地会发生病毒的再感染。如果栽培管理得当、蚜虫防治及时，会推迟病毒再感染的时间和危害程度。一般情况下，每 2～3 年就应该用新的无病毒母株繁殖生产用种苗，更换原来的生产用苗。

【问题处理】

①无病毒苗营养生长旺盛，根系发达，吸肥力强。在假植育苗中应控制花芽分化前的追肥，采用断根、摘老叶等措施调整幼苗体内的 C/N 比，以促进花芽分化。

②无病毒苗开花期有延迟的趋势，所以开始采收期会相对迟些，但总产量还是较高的。由于着果多，会降低平均单果重，故应适当进行疏花疏果，以促进果实膨大，提高草莓质量和产量。

复习思考题

1. 简述继代培养、试管苗驯化的概念。
2. 简述 MS 培养基的营养成分。
3. 怎样配制 MS 培养基？
4. 马铃薯茎尖组织培养过程分为哪几个步骤？
5. 简述草莓花药组织培养技术。
6. 草莓壮苗的标准有哪些？
7. 配制培养液应注意哪些问题？
8. 简述草莓茎尖组织培养技术。
9. 怎样鉴定草莓的无毒苗？
10. 怎样训化草莓试管苗？

参 考 文 献

[1]高丽红,李良俊.蔬菜设施育苗技术问答．北京:中国农业大学出版社,1998.
[2]陈景长,等.蔬菜育苗手册．北京:中国农业大学出版社,2000.
[3]陈贵林,等．草莓周年生产技术问答．北京:中国农业出版社,1998.
[4]赵庚义．花卉育苗技术手册．北京:中国农业出版社,2000.
[5]胡金良．植物学．北京:中国农业大学出版社,2012.
[6]尺淑娟,等．西葫芦、冬瓜、苦瓜四季生产技术问答．北京:中国农业出版社,1998.